博士论丛

聚芳醚腈复合材料微纳结构及介电性能调控

Study on Micro-Nano Structure Regulation and Dielectric Properties
of Polyarylene Ether Nitrile Composites

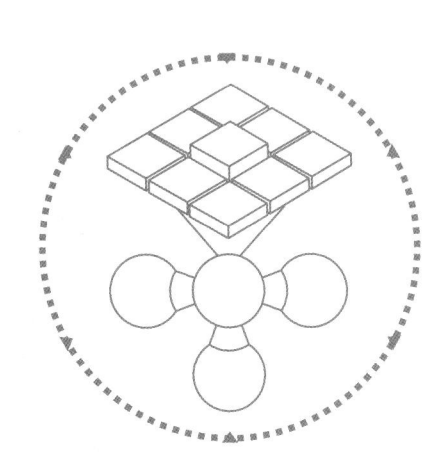

电子科技大学出版社
University of Electronic Science and Technology of China Press

·成都·

图书在版编目(CIP)数据

聚芳醚腈复合材料微纳结构及介电性能调控／刘书宁著．--成都：成都电子科大出版社，2025.5.
ISBN 978-7-5770-1273-5

Ⅰ．TB324

中国国家版本馆 CIP 数据核字第 20246BC745 号

聚芳醚腈复合材料微纳结构及介电性能调控
JUFANGMIJING FUHE CAILIAO WEINA JIEGOU JI JIEDIAN XINGNENG TIAOKONG
刘书宁 著

出 品 人	田 江
策划统筹	杜 倩
策划编辑	万晓桐 杨梦婷
责任编辑	杨梦婷
责任设计	李 倩 杨梦婷
责任校对	刘亚莉
责任印制	梁 硕

出版发行	电子科技大学出版社
	成都市一环路东一段 159 号电子信息产业大厦九楼 邮编 610051
主 页	www.uestcp.com.cn
服务电话	028-83203399
邮购电话	028-83201495
印 刷	成都久之印刷有限公司
成品尺寸	170mm×240mm
印 张	10.75
字 数	210 千字
版 次	2025 年 5 月第 1 版
印 次	2025 年 5 月第 1 次印刷
书 号	ISBN 978-7-5770-1273-5
定 价	68.00 元

版权所有，侵权必究

序
FOREWORD

当前，我们正置身于一个前所未有的变革时代，新一轮科技革命和产业变革深入发展，科技的迅猛发展如同破晓的曙光，照亮了人类前行的道路。科技创新已经成为国际战略博弈的主要战场。习近平总书记深刻指出："加快实现高水平科技自立自强，是推动高质量发展的必由之路。"这一重要论断，不仅为我国科技事业发展指明了方向，也激励着每一位科技工作者勇攀高峰、不断前行。

博士研究生教育是国民教育的最高层次，在人才培养和科学研究中发挥着举足轻重的作用，是国家科技创新体系的重要支撑。博士研究生是学科建设和发展的生力军，他们通过深入研究和探索，不断推动学科理论和技术进步。博士论文则是博士学术水平的重要标志性成果，反映了博士研究生的培养水平，具有显著的创新性和前沿性。

由电子科技大学出版社推出的"博士论丛"图书，汇集多学科精英之作，其中《基于时间反演电磁成像的无源互调源定位方法研究》等28篇佳作荣获中国电子学会、中国光学工程学会、中国仪器仪表学会等国家级学会以及电子科技大学的优秀博士论文的殊誉。这些著作理论创新与实践突破并重，微观探秘与宏观解析交织，不仅拓宽了认知边界，也为相关科学技术难题提供了新解。"博士论丛"的出版必将促进优秀学术成果的传播与交流，为创新型人才的培养提供支撑，进一步推动博士教育迈向新高。

青年是国家的未来和民族的希望，青年科技工作者是科技创新的生力军和中坚力量。我也是从一名青年科技工作者成长起来的，希望"博士论丛"的青年学者们再接再厉。我愿此论丛成为青年学者心中之光，照亮科研之路，激励后辈勇攀高峰，为加快建成科技强国贡献力量！

中国工程院院士

2024 年 12 月

前 言
PREFACE

近年来,随着各种可再生、可持续能源的开发,发展先进的电气储能技术以实现可再生、可持续能源的稳定输出和有效应用已十分迫切。其中,电介质电容器因其具有高功率密度、快充放电速率、优异的循环稳定性和长寿命等优点,在储能器件领域备受关注。聚合物基复合电介质兼具聚合物质轻、柔性佳、制备过程简单,以及填料的高介电常数的优点,在储能领域具有广阔的应用前景。聚芳醚腈(PEN)作为一种新型特种工程高分子,具有优异的耐高温、高强度特性,且其主链中丰富的极性基团氰基,使其本征介电常数为3.5~4.0。这对制备高介电性能的聚合物复合材料具有重要的实际价值。首先,本书通过分子结构设计制备具有不同链节结构、不同形态结构的聚芳醚腈基体树脂,以钛酸钡铁电陶瓷纳米粒子和石墨烯为主要组分构筑多种具有不同微纳结构的功能填料,再采用溶液共混、流延工艺技术制备得到聚芳醚腈基复合电介质薄膜材料。然后,本书详细探究了不同微纳结构填料与不同聚集态结构聚合物基质对聚芳醚腈基复合薄膜热性能、力学性能、介电及储能性能的影响。本书主要内容归纳如下。

(1)将对苯二酚(HQ)和联苯二酚(BP)作为聚芳醚腈制备中的双酚单体,合成了无定形态聚芳醚腈(HQ/BP-PEN)基体。通过富含邻苯二甲腈基团的酞菁锌对纳米钛酸钡进行表面修饰,从而调控其微纳结构,制备出具有不同酞菁锌壳层厚度的BT@ZnPc纳米粒子;然后通过动态流变行为的研究,揭示了BT@ZnPc与HQ/BP-PEN基体树脂的相容性;使复合电介质薄膜的介电常数可达到6.05(电场频率为1 kHz),复合材料薄膜的玻璃化转变温度(T_g)在167 ℃以上。为进一步降低复合材料的填充量，选用了氧化石墨烯(GO)导电材料来改善复合电介质材料的介电性能。首先利用原位生长法在GO表面生长金属有机框架材料(MOF)，得到i-G@M材料，MOF有效提高了GO与聚合物基质的相容性。改善了GO的团聚。当i-G@M在4wt%含量时，复合电介质薄膜的介电常数达到8.02(1 kHz下)，且介电损耗保持在0.018以下。此外，通过静电吸附作用向BT@ZnPc纳米颗粒中引入GO，构筑了BT@ZnPc-GO微纳结构，BT@ZnPc-GO/HQ/BP-PEN中填料含量为15wt%，介电常数即可大于6.2，高于未引入GO组分时含30wt% BT@ZnPc复合材料的介电常数(6.05)，为高性能功能化和轻量化开辟了新的技术途径。

(2)将HQ和RS作为聚芳醚腈制备中的双酚单体，采用溶液共聚得到了可结晶型聚芳醚腈(HQ/RS-PEN-c)基体树脂。通过在纳米钛酸钡表面原位生长聚脲(PUA)有机层，得到了BT@PUA核壳结构功能填料，制备了不同含量的BT@PUA/PEN复合薄膜。研究表明，PUA层可改善HQ/RS-PEN-c的结晶行为，有效促进了HQ/RS-PEN的结晶能力。将复合薄膜在260 ℃下等温热处理2 h后，引入BT@PUA后的PEN复合薄膜的结晶度最高可达14.9%，熔融焓达16.93 J/g，T_g高于175 ℃，显著提高了BT@PUA/PEN复合薄膜的热稳定性。在填料含量20wt%时，介电常数达到6.71。经等温结晶处理后，介电常数进一步增强，达到7.18，且介电损耗可保持在0.02左右。这一优异的介电特性为储能材料与器件进一步开发奠定了实验基础。

(3)将联苯二酚(BP)作为聚芳醚腈制备中的双酚单体，采用4-硝基邻苯二甲腈对聚合物进行封端，得到了交联型聚芳醚腈(BP-PEN-ph)基体树脂。通过水热法合出具有高长径比的BT纳米线(BTnw)，并对其氰基官能化，制备出了具有高长径比的氰基官能化钛酸钡纳米线(BTnw-CN)。通过溶液共混制备了BTnw-CN/BP-PEN-ph复合材料薄膜。经320 ℃等温处理4 h后，一维BTnw-CN与可交联BP-PEN-ph基体共交联，形成具有微纳结构的聚芳醚腈原位复合材料，复合薄膜的 T_g 可达 272.5 ℃，相较于热处理前提升 42.3%，具有优秀的耐温特性。BT 纳米线的本征介电常数更高，当复合薄膜中 BTnw-CN 达到 30wt%，介电常数达 12.1，损耗保持在 0.035 以下。复合薄膜交联后，30wt% BTnw-CN/ BP-PEN-ph 的介电常数仍高于 10，介电损耗则降低至 0.025 以下，储能密度达到 1.99 J/cm³。这为耐高温高储能密度电容器的进一步开发、应用提供了材料研究思路。

(4) 将 BP 和 HQ 作为聚芳醚腈制备中的双酚单体，并用 4-硝基邻苯二甲腈对聚合物进行封端，得到了可结晶可交联型聚芳醚腈（HQ/BP-PEN-c-ph）基体树脂。利用一维 BTnw-CN 与 HQ/BP-PEN-c-ph 基体树脂复合得到具有不同填料含量的 BTnw-CN/ HQ/BP-PEN-c-ph 复合薄膜，经等温热处理后，可得到 BTnw-CN/PEN-c-ph 结晶交联薄膜，其构筑了具有聚合物结晶交联结构的微纳复合材料，T_g 达到 205.46 ℃；且相较于未交联的 BTnw-CN/ HQ/BP-PEN-c，其产生了结构更完善的晶体。高介电陶瓷纳米线 BTnw-CN 的引入，使复合材料薄膜的介电常数明显提升。引入 30wt% BTnw-CN 后，介电常数提升至 12.11，介电损耗保持在 0.035 以下。复合薄膜经过结晶热处理后，介电常数进一步提升。当 BTnw-CN 的含量为 30wt% 时，聚合物复合薄膜的介电常数达到 12.76。进一步热处理产生交联网状结构，介电常数略有降低，介电损耗明显降低。在 30wt% 填充量时，BTnw-CN/HQ/BP-PEN-c-ph 薄膜的介电常数仍高于 11，介电损耗则降低至 0.025 以下，储能密度高达 2.13 J/cm³，表明了其优秀的介电性能和储能密度。

为了表达的准确性，同时考虑受众的阅读习惯，本书中部分图片保留了原文献中的英文表达。

第一章　绪论

- 1.1　引言　1
- 1.2　聚芳醚腈概述　2
  - 1.2.1　聚芳醚腈的结构与特点　3
  - 1.2.2　聚芳醚腈复合材料　5
  - 1.2.3　聚芳醚腈基电介质材料　8
- 1.3　聚合物基复合电介质薄膜　12
  - 1.3.1　研究现状简介　12
  - 1.3.2　聚合物基复合电介质薄膜分类　13
  - 1.3.3　耐高温聚合物基复合电介质薄膜分类　16
- 1.4　本书的研究背景、研究内容　21
  - 1.4.1　本书的研究背景　21
  - 1.4.2　本书的研究内容　23

第二章　基于钛酸钡纳米粒子的聚芳醚腈复合材料及其介电性能研究

- 2.1　引言　25
- 2.2　实验部分　26
  - 2.2.1　实验试剂　26
  - 2.2.2　表征仪器及方法　27
  - 2.2.3　钛酸钡纳米颗粒的界面修饰及结构调控　29
  - 2.2.4　聚芳醚腈基复合介质薄膜的制备　30
- 2.3　结果与讨论　32
  - 2.3.1　BT@ZnPc/PEN 复合材料的结构与性能研究　32
  - 2.3.2　本章小结　45

- **第三章　基于氧化石墨烯纳米片的聚芳醚腈复合材料及其介电性能研究**

　3.1　引言　　　　　　　　　　　　　　　　　　47
　3.2　实验部分　　　　　　　　　　　　　　　　48
　　　3.2.1　实验试剂　　　　　　　　　　　　　48
　　　3.2.2　表征仪器及方法　　　　　　　　　　49
　　　3.2.3　氧化石墨烯纳米片的界面修饰及结构
　　　　　　调控　　　　　　　　　　　　　　　49
　　　3.2.4　聚芳醚腈基复合材料的制备　　　　　51
　3.3　结果与讨论　　　　　　　　　　　　　　　52
　　　3.3.1　G@M/PEN 复合材料的结构与性能研究　52
　　　3.3.2　BT@ZnPc-GO/PEN 复合材料的
　　　　　　结构与性能研究　　　　　　　　　　62
　　　3.3.3　本章小结　　　　　　　　　　　　　73

- **第四章　基于钛酸钡纳米粒子的结晶型聚芳醚腈复合材料及其介电性能研究**

　4.1　引言　　　　　　　　　　　　　　　　　　75
　4.2　实验部分　　　　　　　　　　　　　　　　76
　　　4.2.1　实验试剂　　　　　　　　　　　　　76
　　　4.2.2　表征仪器及方法　　　　　　　　　　77
　　　4.2.3　核壳结构 BT@PUA 纳米粒子的构筑　　77
　　　4.2.4　聚芳醚腈基复合介质薄膜的制备　　　78
　4.3　结果与讨论　　　　　　　　　　　　　　　80
　　　4.3.1　BT@PUA/PEN 纳米复合材料的
　　　　　　结构与性能研究　　　　　　　　　　80
　　　4.3.2　本章小结　　　　　　　　　　　　　98

- 第五章　钛酸钡纳米线/交联型聚芳醚腈复合材料及其介电性能研究

5.1 引言	101
5.2 实验部分	102
5.2.1 实验试剂	102
5.2.2 表征仪器及方法	103
5.2.3 氰基化BTnw纳米粒子的构筑	103
5.2.4 聚芳醚腈基复合材料的制备	104
5.3 结果与讨论	106
5.3.1 BTnw/PEN纳米复合材料的与性能研究	106
5.3.2 本章小结	115

- 第六章　钛酸钡纳米线/结晶交联型聚芳醚腈复合材料及其介电性能研究

6.1 引言	117
6.2 实验部分	118
6.2.1 实验试剂	118
6.2.2 表征仪器及方法	118
6.2.3 氰基化钛酸钡纳米线的构筑	119
6.2.4 聚芳醚腈基复合材料电介质薄膜的制备	119
6.3 结果与讨论	120
6.3.1 BTnw/PEN-c-ph纳米复合材料的性能研究	120
6.3.2 本章小结	129

- 第七章　总结、创新点与展望

7.1 研究总结	131
7.2 主要创新点	133
7.3 研究展望	133

- 参考文献　135
- 缩略词表　157

第一章

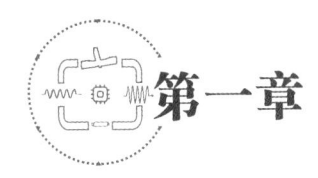

绪　　论

1.1　引言

随着各种化石燃料的利用导致的气候变化、资源枯竭问题越来越突出,提高能源利用效率并开发可再生、可持续的能源(如太阳能、风能、地热能、潮汐能等)变得十分紧迫[1-4]。但是,这些新能源的使用成本极高且供电功率存在间歇性,因此需要开发先进的电气储能技术,以实现新能源的稳定输出并有效地应用于实际[5-7]。电气能量存储器件根据不同的储能机制,主要分为电池、电化学电容器、电介质电容器三种类型[8,9]。其中,电介质电容器的能量密度通常较低,但由于基础物理电荷位移机制,具有超高功率密度($10^7 \sim 10^8$ W/kg)。此外,超快充放电速率(<0.01 s)、高工作电压、高温高压耐受性、优异的循环稳定性和长寿命等优点使得介电电容器在各种应用中广泛使用,如大容量电网技术[10,11]、电动汽车[12]、风力发电机组[13]、脉冲功率系统[14,15]和便携式电子设备[16],如图1-1所示。

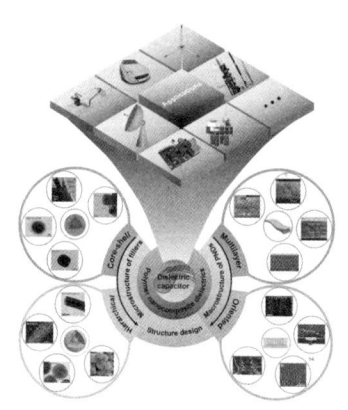

图1-1 电介质电容器的新兴应用领域[17]

薄膜电容器作为一种常用物理储能器件，在高压直流输电和柔直输电工程中，可用于直流滤波、电压逆变、电能质量改善等应用中[18]。它们能够在高电压和高温环境下正常工作，具有较高的储能密度和能量效率，可实现高效能量转换和储存[19,20]。这些特性使得薄膜电容器成为直流输电装备中必不可少的元器件之一，薄膜电容器占据了直流输电装备成本的30%左右[21,22]。随着能源互联网技术、电能质量优化技术，以及风电、太阳能等绿色能源的接入，高储能密度薄膜电容器也将发挥更加重要的作用[23,24]。此外，脉冲功率技术、电磁弹射技术、电动汽车技术，以及国家重大科学研究计划大型装置等领域也迫切需要薄膜电容器的支持[25,26]。因此，开展利用聚合物电介质薄膜制备高性能的薄膜电容器的研究具有重要的科学意义和实际应用价值。

1.2 聚芳醚腈概述

随着高技术、新兴工业技术和装备技术的发展，高性能高分子材料由于具有高强度、高模量、耐高温、耐腐蚀的特点[27-31]，已经广泛应用于机械、电子电气、航空航天、舰船、环境、化工等领域[32-39]。目前，已成熟应用的有聚苯硫醚(polyphenylene sulfide，PPS)、聚醚砜(polyethersulfone，

PES）、聚酰亚胺（polyethersulfone，PI）、聚醚醚酮（polyethersulfone，PEEK）[40-42]等。聚芳醚腈是近年来发展起来的一类新型的特种高分子材料，其分子主链上存在醚键、芳香环和侧基氰基等结构，赋予了其良好的高热稳定性、高电气绝缘性、机械稳定性、耐腐蚀性、抗辐照等性能[43,44]，同时其还具有灵活的分子可设计性，表现出良好的可溶液成型和熔融成型等加工能力，在航空航天、机械、电子等领域展现出潜在的可应用性[45-47]。

聚芳醚腈由于侧链上—CN的极性，相较与其他特种高分子拥有较高的介电常数。侧链上的极性—CN基因既可增强功能填料与基本材料的黏结性，又可用作潜在的可交联基团，从而进一步提高材料的耐热性[48]。因此，聚芳醚腈可用作电子、电气、通信等领域中高温环境下的基质材料[49]。

1.2.1 聚芳醚腈的结构与特点

聚芳醚腈是一种在主链中存在大量苯环及醚键、侧链中存在大量氰基的芳香族聚合物[50-52]，其结构通式如图1-2所示。其中，Ar为不同的芳香二元酚，如对苯二酚、萘二酚、双酚A及联苯二酚等。聚芳醚腈主链中大量存在的苯环使其具有较高的玻璃化转变温度（T_g > 160 ℃），而其主链上的醚键又赋予其一定的柔韧性。此外，其侧基上大量存在的氰基使聚合物具有较强的极性[53,54]。因此，聚芳醚腈具有优秀的机械性能、良好的耐热性和阻燃性，且具有相对较高的介电常数[55]。与常用的聚合物电介质薄膜基材双向拉伸聚丙烯（biaxially oriented polypropylene，BOPP）相比，聚芳醚腈的介电常数通常为3.4~4.0，几乎为BOPP的两倍。且聚芳醚腈高T_g的特点，使其可在BOPP最高工作温度（105 ℃）近两倍的环境下使用[56,57]。此外，聚芳醚腈侧链上丰富的氰基为其他功能性基团提供反应位点，可进一步开发新型电介质薄膜材料，可拓宽聚芳醚腈在聚合物基电介质薄膜领域的应用[58-60]。

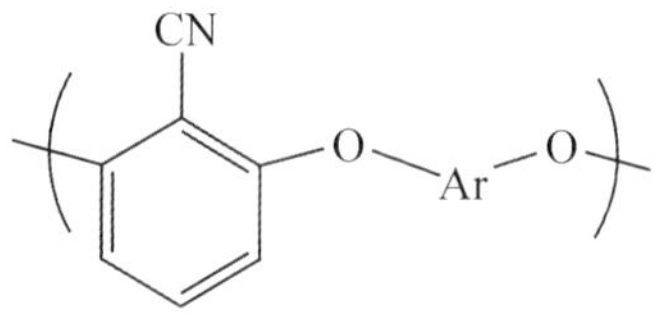

图 1-2 聚芳醚腈结构通式

聚芳醚腈的合成通常为亲核取代反应机理，通过将芳香二元酚与 2,6-二氟苯甲腈或 2,6-二氯苯甲腈在碳酸钾的催化下制备得到[61-63]。通过选择二元酚单体的类型、单体间的配比，以及是否添加封端剂，可制备出各种具有不同性能的聚芳醚腈[64,65]。以高分子的凝聚态结构为例，采用双酚 A、酚酞啉、萘二酚等构型复杂的双酚单体制备得到的聚芳醚腈由于分子链结构复杂，芳香二元酚结构扭曲、非共平面且空间位阻较大，其分子主链难以紧密堆砌，通常为无定形聚合物[66,67]。常用无定形聚芳醚腈的结构与性能列于表 1-1 中。

表 1-1 无定形聚芳醚腈的结构与性能[68]

聚芳醚腈系列	T_g/℃	$T_{5\%}$/℃	拉伸强度/MPa	拉伸模量/GPa	断裂伸长率/%	特性黏度/(dL·g^{-1})
双酚 A 型	175	483	90	2.3	6.2	0.93
酚酞型	258	456	112	3.6	15	0.72
双酚 S 型	215	453	118	2.4	3.6	0.57
二氮杂萘酮联苯型	295	516	84	2.0	7.7	—

而采用间苯二酚、联苯二酚和对苯二酚等具有较对称构型的双酚单体为原料合成得到的聚芳醚腈，由于其分子链对称程度高，且结构较为规整，具有较好的结晶能力[69-71]。常用结晶型聚芳醚腈的结构与性能列于表 1-2 中。

表 1-2 结晶型聚芳醚腈的结构与性能

聚芳醚腈系列	T_g/℃	T_m/℃	拉伸强度/MPa	拉伸模量/GPa	断裂伸长率/%	特性黏度/(dL·g)
间苯二酚型	148	340	137	4.4	9.4	1.10
对苯二酚型	182	348	150	3.9	3.5	0.92
联苯二酚型	216	347	155	3.5	3.5	0.97

在聚芳醚腈的合成中，可以通过酚过量法得到羟基封端的聚芳醚腈，再与4-硝基邻苯二甲腈反应得到邻苯二甲腈端基的聚芳醚腈[72]。该聚合物在高温下，端基上的氰基可与聚芳醚腈主链上的氰基发生化学反应，生成酞菁环、异吲哚环和均三嗪环等结构，从而形成热交联网络，得到具有交联特性的聚芳醚腈。这种交联结构使聚芳醚腈从热塑性材料转变为热固性材料，同时实现了热塑性加工和热固性应用[73]。

1.2.2 聚芳醚腈复合材料

随着全球科技发展对节能减排需求的增长，轻量化已经成为新材料发展的重要方向。树脂基复合材料因其优良的强度、耐热性、耐腐蚀等性能在众多轻质材料中脱颖而出[74-76]。聚芳醚腈因其灵活的分子设计、方便的组成调控和侧基极性氰基，能大幅度改善与增强填料的浸润性和相容性，这为复合材料填料的选择和微结构调控提供了方便，研究制备了纤维增强复合材料和功能复合材料，实现了聚芳醚腈的高性能化和功能化[77,78]。

1.2.2.1 碳材料增强聚芳醚腈复合材料

如碳纳米管（carbon nanotubes，CNTs）、氧化石墨烯（graphene oxide，GO）等碳材料具有优异的力学性能、电性能、热稳定性、磁性能，是制备增强聚合物复合材料和功能化复合材料的优先选择。Pu 等人[79]利用超支化酞菁铜接枝于 CNTs 表面，制备得到表面超支化 CNTs，合成示意图如图 1-3 所示。酞菁铜实现了 CNTs 的表面粗糙化，提高了与聚芳醚腈的相容性，其拉伸强度与拉伸模量相较于聚芳醚腈纯膜上升了 8.4% 和 9.2%。这给开发增强的导电功能复合材料开辟了新的技术路径。

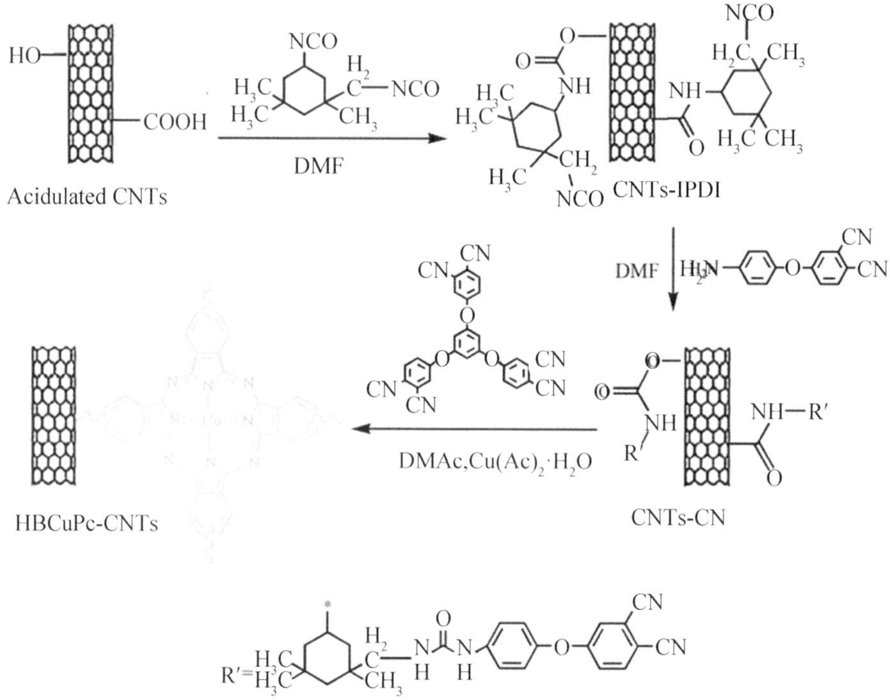

图 1-3　超支化酞菁铜功能化 CNTs 的合成示意图[79]

此外，Yang 等人[80]利用氰基化的 GO 改善其与聚芳醚腈的粘接性，提高复合薄膜的力学性能，GO 表面氰基化处理过程如图 1-4 所示。5wt%填充量下的 GO/PEN 复合材料的拉伸强度升高到 75.4 MPa，拉伸模量达到 2734.7 MPa，相比聚芳醚腈纯膜增加了 26.4%。Zhan 等人[81]通过氰基化的 CNTs 和 GO，研究了聚芳醚腈/CNTs/GO 协调增强的纳米复合材料，在填充量 1%的时候就能将聚芳醚腈/CNTs/GO 复合材料的拉伸强度提升 17%，模量提升 15%。这些研究已表明聚芳醚腈碳增强复合材料已成为可能。

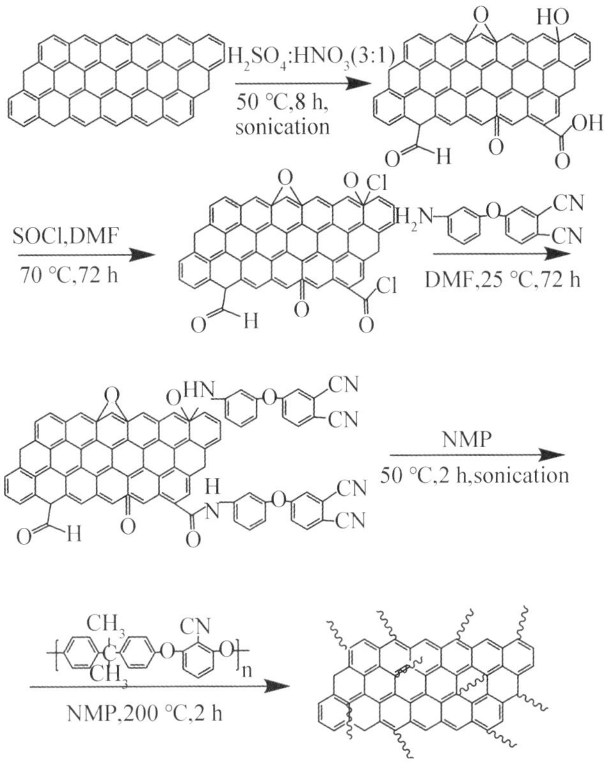

图 1-4　腈基化 GO 纳米片制备过程示意图[80]

1.2.2.2　纤维增强聚芳醚腈复合材料

采用纤维增强的聚合物复合材料在力学强度、尺寸稳定性等方面均有提升，而提升树脂基体与纤维间的粘接性成为复合材料急需解决的关键问题。Zuo 等人[48]将邻苯二甲腈封端后的聚芳醚腈与芳纶纤维共混，使芳纶纤维表面生长聚芳醚腈晶体，具体制备流程如图 1-5 所示。聚芳醚腈晶体增强了芳纶纤维的粗糙度，且热压形成复合层压板后，增强了芳纶纤维间的啮合度，从而大大增强了芳纶纤维增强复合材料的层间剪切强度，相较普通芳纶纤维复合板提升了 21.4%。

图 1-5 芳纶纤维增强聚芳醚腈复合板制备流程图[48]

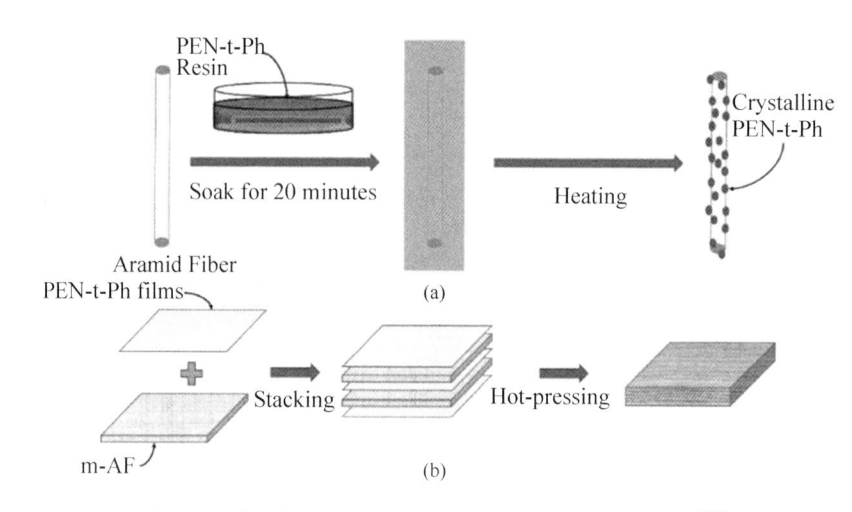

Yuan 等人[82]将聚芳醚腈稀溶液处理的玻璃布与聚芳醚腈/钛酸钡纳米复合薄膜进行热压复合,实现了纳米填料的二次分散,构建了连续纤维增强聚芳醚腈微纳结构复合材料,从而解决了复合材料介电性能均一化的技术难点。

Yang 等人[83]通过双螺杆熔融挤出法研究制备了聚芳醚腈碳纤维增强复合材料(在填充量达到 30% 时,弯曲强度达到 200 MPa,弯曲模量达到 16 GPa),开启了聚芳醚腈增强复合材料高强韧化研究路径;同时,研究了聚芳醚腈/碳纤维/纳米石墨协调填充增强复合材料,构筑了纤维增强复合材料的微纳结构。Ren 等人[84]研究了不同结构的酞菁铁在处理碳纤维中的应用,详细研究了酞菁铁在碳纤维的表面的自组装行为,获得了不同形貌结构的碳纤维表面,大幅度改善了碳纤维的表面粗糙度,制备了一系列高性能的聚芳醚腈/碳纤维布层压复合材料,构建了连续纤维增强复合材料的微纳结构相界面。这一研究有效提高了层压复合材料的层间剪切强度,为高性能聚芳醚腈复合材料的进一步应用研究奠定了实验技术基础。

1.2.3 聚芳醚腈基电介质材料

聚芳醚腈本征耐热性极佳、介电常数较高的特点,使其成为电介质薄膜聚合物的优秀基材，可通过分子结构设计、结构调控、组成变化、加入改性处理后的高介电常数填料等手段制备聚芳醚腈薄膜材料[85-89]，提升聚芳醚腈的介电性能，构筑聚芳醚腈基电介质薄膜。

1.2.3.1 全有机聚芳醚腈复合电介质薄膜

聚芳醚腈具有方便分子设计性和结构可调性，因此通过分子结构设计和组成变化，能够制备出具有较佳介电性能的聚芳醚腈聚合物基体。Li 等人[51]通过不同的双酚单体包括联苯二酚（biquinone，BP）、间苯二酚（resorcinol，RS）、对苯二酚（hydroquinone，HQ）、双酚 A（bisphenol A，BPA），以单体摩尔比 8.5∶1.5 制备得到 BP/BPA-PEN、RS/BPA-PEN 和 HQ/BPA-PEN 三种可结晶型聚芳醚腈，如图 1-6 所示。其中，结晶型最强的 RS/BPA-PEN 的分子链排列最规则，其聚合物链段上的—CN 均匀排列在分子链同一侧，极性最强，在外电场 1000 Hz 下的介电常数可达 4.04，介电损耗小于 0.01。Long 等人[90]将聚偏氟乙烯（polyvinylidene fluoride，PVDF）引入至聚芳醚腈中，制备出 PVDF/PEN 共混聚合物薄膜。PVDF 本征介电常数较高，当薄膜中 PVDF 含量达到 90wt% 时，复合薄膜在常温下的介电常数可达 7.1。此外，Wei 等人[91]将导电聚合物聚苯胺（polyaniline，PANI）掺杂至聚芳醚腈中，复合薄膜的介电常数可在外电场为 250 Hz 下达到 23.5，相较于纯 PEN 基质提高了 650%，并且该薄膜在 180 ℃ 以下具有优异的介温稳定性，有利于复合薄膜在高温环境下的使用。

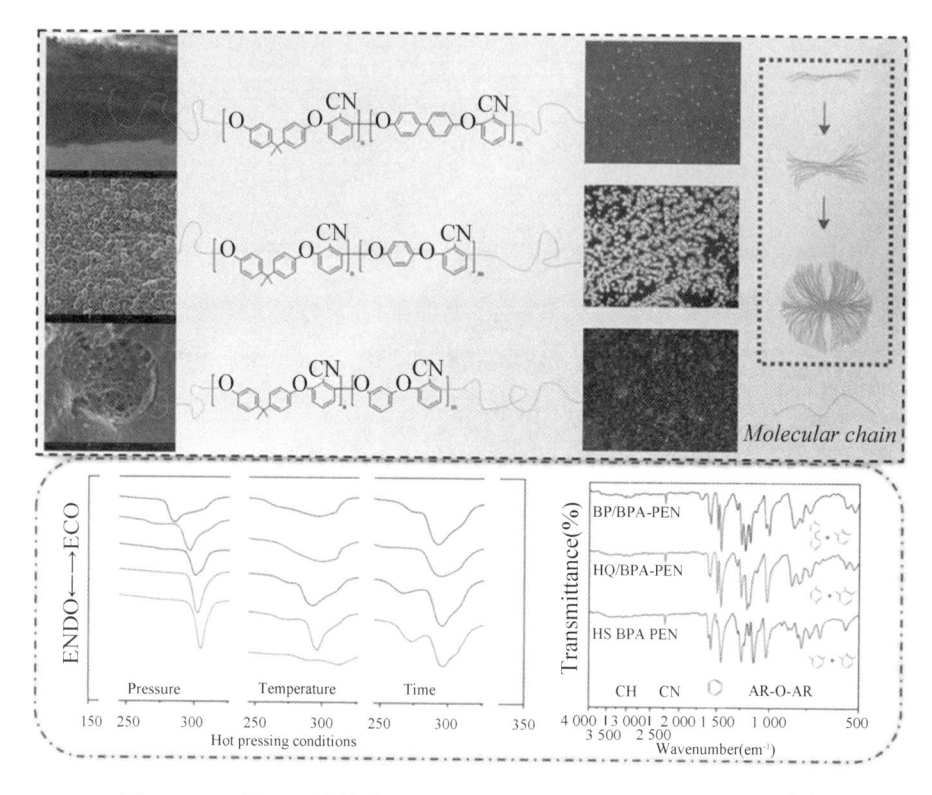

图 1-6 三种不同结构的结晶型 PEN 结构及结晶行为示意图[51]

1.2.3.2 介电陶瓷颗粒/聚芳醚腈复合电介质薄膜

常用的高介电陶瓷颗粒主要有二氧化钛(titanium dioxide, TiO_2)、钛酸钡(barium titanate, BT)和钛酸铜钙(calcium copper titanate, CCTO)等[92-94]。通过对高介电陶瓷颗粒表面进行改性，再将改性后的陶瓷颗粒引入聚合物基质中[95]，可有效改善填料的团聚效应，从而提高复合材料的介电性能。

Huang 等人[96]通过溶液共混流延技术制备了聚芳醚腈/TiO_2、聚芳醚腈/CCTO 纳米复合材料，并探索研究了其介电性能与储能密度的关系，说明聚芳醚腈/纳米陶瓷复合材料在耐高温高储能密度电容器中具备应用潜力。

Zhang 等人[97]将碳化钛(titanium carbide, MXene)包覆在聚多巴胺(polydopamine, PDA)改性后的 BT 上得到 MXene&PDA@BT 核壳结构材料，并通过溶液流延法将其引入 HQ/RS-PEN 基体中，得到 MXene&PDA@BT/

PEN 复合电介质薄膜,制备流程如图 1-7 所示。MXene&PDA@BT 的填料含量仅为1wt%即可使复合薄膜的介电常数从4.24 提升至5.22,介电损耗仅为0.015 9。此外,You 等人[98]报道了一种导电聚合物 PANI 包覆的 BT 粒子,并将其引入 BP-PEN 中,得到 PANI-f-BT/PEN 复合薄膜。经 PANI 修饰后的 BT 颗粒在 PEN 基质中具有良好的分散性,当 PANI-f-BT 的填充量达到40wt%后,PANI-f-BT/PEN 复合薄膜的介电常数从3.9 增加至14.0,储能密度从 0.8 J/cm^3 增加至 1.8 J/cm^3。

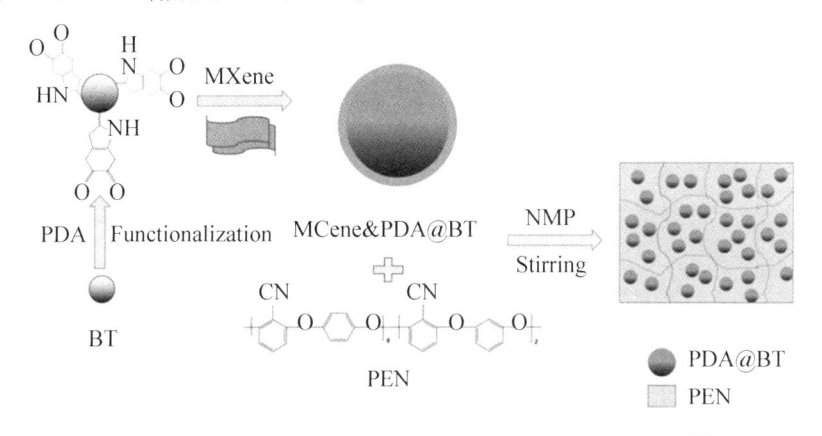

图 1-7 MXene&PDA@BT/PEN 复合薄膜制备流程图[97]

1.2.3.3 导电颗粒/聚芳醚腈复合电介质薄膜

导电填料由于其逾渗特性,可在较少的填量含量下实现复合材料的性能提升,填料的逾渗阈值与其自身尺寸、形状及空间分布状态相关[99-101]。Li 等人[102]将导电颗粒 Ag 粒子引入聚芳醚腈基体中,以改善聚芳醚腈的介电性能。复合物体系中仅引入2wt% Ag 纳米颗粒,便可使 Ag/PEN 复合填料的介电常数得到极大提升,在外电场 1 000 Hz 下,介电常数即可达到5.8。

除金属粒子外,一维 CNTs 和二维 GO 纳米片也常用于改善复合材料的介电性能。Jin 等人[103]报道了一种通过 3-氨基苯氧基邻苯二甲腈(3-aminophenoxyphthalonitrile,3-APN)改性后的多壁碳纳米管(multi-walled carbon nanotubes,MWCNT),制备出一种氰基化后的 MWCNT,制备流程如图 1-8 所示。氰基官能化后的 MWCNT 相较于未改性前,拥有与聚芳醚腈相比更好的相容性。当复合薄膜中的 3-APN@MWCNT 含量达到 5wt% 时，其介电常数在外电场为 250 Hz 时可达 32.2，而介电损耗低于 0.9。

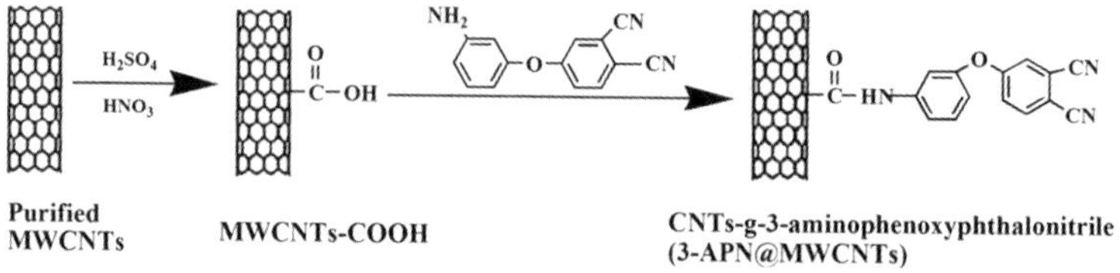

图 1-8　氰基化 WMCNT 合成流程图[103]

1.3　聚合物基复合电介质薄膜

1.3.1　研究现状简介

介电材料的性质决定了电容器的关键特性，如能量密度、功率密度和充放电效率[104,105]。在过去的几十年中，越来越复杂、灵活和微型的电子和电气系统的出现需要性能可靠且具有成本效益的小尺寸电容器。为此，聚合物和复合电介质因比无机电介质在高能量密度、高击穿强度、良好的失效行为等方面更具优势[106-110]，一直是人们深入研究的主题。聚合物出色的柔韧性和可加工性可通过挤出、溶液流延和静电纺丝技术轻松制造高质量和大面积的聚合物基复合电介质薄膜并组装成分层（如夹层或多层）结构[111]。这些特性使聚合物基电介质薄膜非常适合开发高性能、低成本的可靠电介质电容器。

为了提升聚合物基电介质材料的介电性能，包括更高的介电常数、更低的介电损耗、更高的击穿场强等，在近年的研究过程中，人们将重点放在聚合物复合材料上。由于复合材料制备相对简易，可采用各种具有不同性质的颗粒作为填料，通常使用高介电常数的陶瓷颗粒、导电颗粒，将其分散至聚合物基体中来获得具有更优异的介电性能的聚合物储能复合薄膜材料[112,113]。理想的聚合物基复合材料应同时具有优异的介电性能和力学性能。传统的铁电陶瓷/聚合物复合材料虽有较低的介电损耗，但介电常数难以大幅度增强，且过量的填充铁电陶瓷颗粒使得聚合物复合材料力学性能大幅降低，难以满足实际需求[114-116]；而导电颗粒/聚合物复合材料虽能在少量填充下即拥有令人满意的高介电常数，但同时也具有较高的介电损耗而限制了其应用[117-120]。因此，通过一定方法包括结构设计、表面改性等手段提高聚合物复合材料的介电常数、降低聚合物复合材料介电损耗是聚合物基复合电介质材料应用于电容器电介质材料的关键。

1.3.2 聚合物基复合电介质薄膜分类

1.3.2.1 介电陶瓷颗粒/聚合物复合电介质薄膜

由于本征介电常数高且原材料较易获得，BT 是聚合物基电介质复合材料中最被广泛使用的铁电陶瓷填料[121,122]。但未经处理的 BT 纳米粒子易发生聚集效应，导致薄膜质量差且击穿强度降低[123]。为解决这一问题，通常采用有机配体或聚合物进行表面改性，以确保纳米材料均匀分散到聚合物基质中，并减轻聚合物-纳米填料界面上较大的介电常数差异[124]。例如，Luo 等人[125]报道了一种由聚偏氟乙烯-六氟乙烯[polyvinylidene fluoride-hexafluoroethylene，P(VDF-HFP)]和涂有乙内酰脲环氧树脂的 BT 纳米粒子组成的纳米复合材料，即使在非常高的负载量下，表面功能化也能确保 BT 纳米颗粒的均匀分散。传统表面功能化的弊端是使用较高比例的 BT 填充量使聚合物基复合薄膜的介电常数上升，但同时其击穿强度也大大降低（<100 MV/m）[126]。为了解决这个问题，通常在纳米粒子和聚合物基质之间引入强相互作用(氢键和化学键)。XIE 等人[127]报道了一种由具有内部双键的 P{VDF-CTFE[P(VDF-CTFE-DB)]} 和 PDA 改性的 BT 纳米粒子制成的溶液处理网络复合材料，交联反应由苯并过氧化物引发，具体合成示意图如图 1-9 所示。由于聚合物交联网络的产生和纳米粒子与聚合物基质之间的

氢键效应，此复合材料的力学性能得到了提升，且具备较高的介电常数和击穿场强。此外，MA 等人制备了含有反应性硫醇基团的 BT 纳米颗粒，它可以通过硫醇-烯点击反应与 P(VDF-CTFE-DB)发生反应[128]，在 450 MV/m 时，含 5% BT 的纳米复合材料的储能模量与纯聚合物相比增加了 78%，同时保持了 84.5%的高充放电效率。

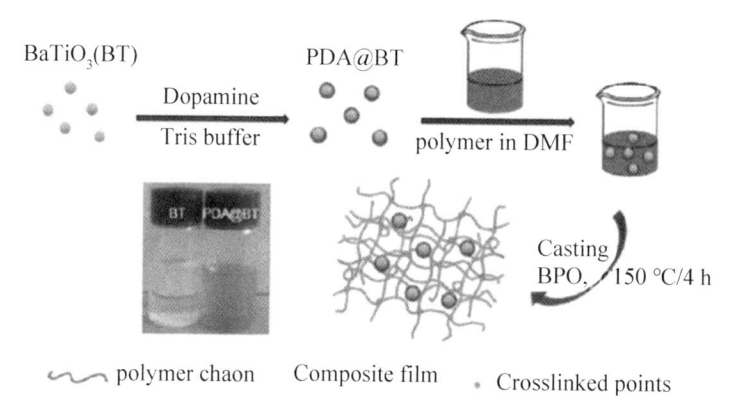

图 1-9　PDA@BT 纳米粒子和纳米复合薄膜的合成过程示意图[127]

1.3.2.2　氧化物粒子/聚合物复合电介质薄膜

除了高 K 陶瓷颗粒外，非金属氧化物通常具有与铁电聚合物相当的介电常数，可以提高聚合物基复合薄膜的介电性能[129-137]。Li 等人[134]发现用全氟辛基三乙氧基硅烷(perfluorooctyltriethoxysilane，POTS)功能化的超小尺寸二氧化硅(silicon dioxide，SiO_2)纳米颗粒(0.13 nm)，通过控制 SiO_2 纳米颗粒表面 POTS 的接枝率，POTS 中的全氟辛基链可以形成极性全反式构象，从而减小 P(VDF-HFP) 基质的晶体尺寸，可以显著提高 P(VDF-HFP)的介电常数，同时保持较低的介电损耗，即在 1 kHz 电场频率下，K = 27.1，$\tan\delta$ = 0.03。此外，Li 等人[136]选择了三种纳米材料 Al_2O_3(K 约为 10)、SiO_2(K 约 4)及 TiO_2(K > 40)与 P(VDF-HFP)形成复合材料，系统地研究了纳米填料的介电常数、带隙和形态对复合薄膜充放电能量密度的影响。如图 1-10（a）、(b)所示，P(VDF-HFP)/Al_2O_3 纳米板复合材料具有较高的储能模量(697 MV/m 时为 21.6 J/cm³)和充放电效率(700 MV/m 时为 83.4%)。由于 Al_2O_3 具有与聚合物基体相当的介电常数，而介电常数匹配的填料/基体界面具有更均匀的电场分布,使 P(VDF-HFP)/Al$_2$O$_3$ 复合薄膜具有更高的击穿强度。此外,作者发现二维 Al$_2$O$_3$ 纳米片可以在聚合物基体中形成"类 3D"网络,可以有效阻断漏电流,同时提高复合薄膜的力学强度。

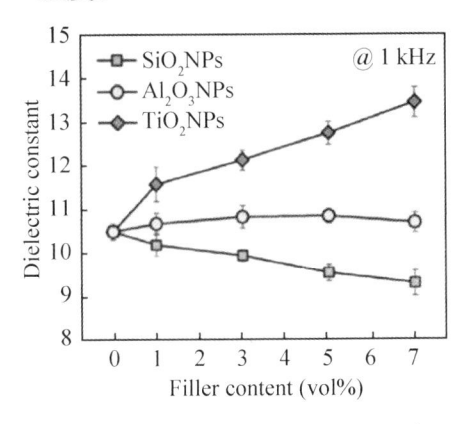

(a) P(VDF-HFP) 纳米复合材料与 SiO$_2$、Al$_2$O$_3$ 和 TiO$_2$ 纳米粒子的介电常数与填料含量的关系

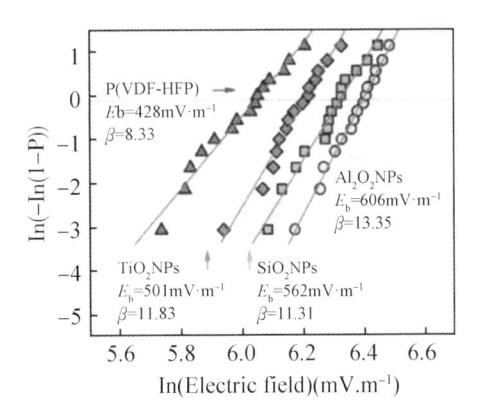

(b) 含 5vol% SiO$_2$、5vol% Al$_2$O$_3$ 和 3vol% TiO$_2$ 纳米粒子的复合薄膜介电击穿强度的 Weibull 图[136]

图 1-10　P(VDF-HFP)纳米复合材料的介电性能

1.3.2.3　导电颗粒/聚合物复合电介质薄膜

通过上述介绍可知,高介电陶瓷颗粒及氧化物颗粒在同样颗粒填充量时,对复合薄膜介电常数的提升较为缓慢,导致实现高介电常数复合材料需要高含量的陶瓷颗粒填充,从而降低了聚合物薄膜的柔韧性及加工性。基于导电材料如 Ag 纳米颗粒、多壁碳纳米管、氧化石墨烯纳米片等的逾渗效应,当复合薄膜中的导电颗粒临近逾渗阈值时,复合材料的介电常数会急剧增加,较少填充含量即可大幅提升复合物介电常数。Qi 等人[138]报道了纳米尺寸的 Ag 颗粒填充环氧树脂的复合电介质薄膜,复合薄膜中的尺寸为 40 nm 的 Ag 粒子被一层较薄的巯基琥珀酸所包覆,因而可实现较均匀的分散。当复合薄膜体系中的 Ag 填充量达到 22vol% 时,复合薄膜在电场频率 1 000 Hz 下的介电常数达到了 308,损耗则控制在 0.05。Dang 等人[139]进一步将电导率为 1.46×10^7 S/m 的 Ni 颗粒、电导率为 5.98×10^7 S/m 的 Cu

颗粒和电导率约 10^4 S/m 的碳纤维引入至低密度聚乙烯（low density polyethylene，LDPE）基质中，当复合薄膜中导电颗粒的体积分数为20%时，Cu/LDPE 的介电常数最高为6.33，Ni/LDPE 的介电常数则稍低，为6.07，电导率最低的 CF/LDPE 则为5.5。这说明导电填料/聚合物复合薄膜的介电常数与填料电导率相关。具有高长径比的一维导电填料 CNTs 相较于零维纳米颗粒的逾渗阈值更低。Dang 等人[140]在 CNTs 表面利用3，4，5-三氟溴代苯（TFP）进行改性，使 CNTS 具有更高的电活性。改性后的 CNTs 的逾渗阈值约为8.0vol%。如图1-11所示，当电场频率为1 000 Hz 时，复合材料的介电常数最高可达4 000（填料体积分数为15vol%）。

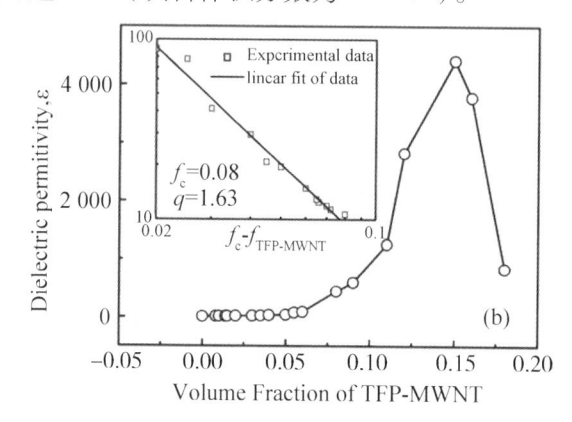

图1-11 TFP-MWNT/PVDF 纳米复合材料介电常数随 TFP-MWNT 体积分数的变化[140]

1.3.3 耐高温聚合物基复合电介质薄膜分类

随着使用环境多变化，电容器可能需要在更恶劣的条件下工作。例如，混合动力汽车的发动机附近的温度可达140~150 ℃[141]，而地下油气勘探设备或飞机的工作温度甚至可达200~250 ℃[119]。大多数市售的聚合物基质无法在如此高的温度下运行，需要额外配备冷却系统，但这又增加了额外的重量和体积，不利于储能设备的轻量化，因此开发可在高温下工作的聚合物电介质的需求不断增长[142-144]。为了解决这个问题，具有高玻璃化转变温度（glass transition temperature，T_g）的聚合物及其复合材料有望实现电介质在高温环境下保持高效、高介电常数、低损耗和高储能的需求。

开发应用于高温环境下的聚合物基电介质有两个需要解决的问题。首先，聚合物基质应良好的热稳定性。对于无定形聚合物，当温度处于或高于其 T_g 时，其机械和介电性能会发生较大波动。因此，适用于高温应用中具有高 T_g 的聚合物的主链往往含有刚性芳杂环，如 PI、聚碳酸酯（polycarbonate，PC）、PPS、PEEK 和聚醚酮酮（polyetherketone ketone，PEKK）[145-148]等。虽然这些聚合物含有一些如醚键、酰亚胺基和羰基等极性基团，但由于偶极矩较小且偶极迁移率较弱，相较于铁电含氟聚合物，其本征介电常数通常较低。其次，由于聚合物的漏电流和介电损耗在高温环境和较大外加电场下会急剧增加[143]，以上耐高温聚合物在室温下表现出近线性的介电特征，但在高温下存在充放电效率和击穿强度降低的问题。综上所述，耐高温聚合物基薄膜电容器的设计策略不仅要追求较高的介电常数，还要拥有较低的损耗及高击穿强度。

1.3.3.1　介电陶瓷颗粒/耐高温聚合物复合电介质薄膜

与在室温下应用的介电复合电介质薄膜相同，BT 等高 K 无机铁电陶瓷填料常用于提高聚合物基质的介电常数及储能模量。Sun 等人[149]在聚酰亚胺中添加 9vol% BT 纳米颗粒后，复合薄膜在室温下的介电常数从 3.1 提升到 6.8。然而，由于 PI 本身导热性较差，且 BT 与 PI 之间介电常数差异太大，复合薄膜在高温下的击穿强度急剧下降，BT/PI 复合材料的储能模量全部低于纯 PI 薄膜。Xu 等人[150]以 PES 为聚合物基质，合成了一种超支化酞菁铜（hyperbranched phthalocyanine copper，CuPc）作为 BT 纳米粒子的涂层，并引入砜基以阻断酞菁铜（phthalocyanine copper，CuPc）的导电。与未改性的 BT 和 CuPc/BT 相比，HCuPc 可以明显降低介电损耗并提高复合材料的击穿强度。HCuPc/PES 复合材料在室温下的储能模量可达 2.0 J/cm^3，而在相同条件下，纯 PES 聚合物的储能密度仅为 1.2 J/cm^3。Jian 等人[151]制备了一种由 PI 和四方 PbTiO$_3$ 纳米纤维组成的聚合物基复合薄膜，在 50vol% PbTiO$_3$ 的高负载率下，HCuPc/PES 复合材料在 200 ℃下的储能密度为 14 J/cm^3，略低于室温下测得的 16 J/cm^3。相比之下，纯 PI 薄膜的储能模量仅

为 $1.38\ J/cm^3$。Miao 等人[152]设计了一种含有 5vol% $SrTiO_3$ 纳米颗粒的聚醚酰亚胺复合材料,以改善聚合物薄膜的导热性。该复合材料在 100 ℃ 和 150 ℃ 时的储能密度分别为 $6.6\ J/cm^3$ 和 $3.18\ J/cm^3$。

1.3.3.2 氧化物粒子/耐高温聚合物复合电介质薄膜

高温下聚合物基质带来的传导损耗和击穿性能下降导致复合电介质薄膜的低储能密度及低充放电效率,而宽带隙氧化物纳米填料可显著提高高温下高 T_g 聚合物的充放电效率和击穿强度。Li 等人[153]研究了 γ-Al_2O_3 形貌对 c-BCB/γ-Al_2O_3-PES 纳米复合材料储能性能的影响。他们发现,与常用于介电储能领域的宽带隙材料氮化硼纳米片(boron nitride nanosheets,BNNSs)相比,γ-Al_2O_3 具有更宽的带隙(7.2 ~8.8 eV)和更高的介电常数(9 ~10)。他们将包括纳米颗粒(直径约为 20 nm)、纳米线(直径约为 5 nm,长度约为 80 nm)和六角形纳米片(约为 30 nm 厚度和 800 nm 宽度)三种类型的 γ-Al_2O_3 纳米填料复合至双苯并环丁烯(dibenzocyclobutene,c-BCB)中。其中,γ-Al_2O_3 纳米片在提高复合材料的击穿强度方面更有效,模拟实验表明纳米片可以更好地防止聚合物基质中局部电压的不均匀分布,从而提升聚合物复合物的击穿场强。如图 1-12 (a) ~(d) 所示,具有 7.5vol% γ-Al_2O_3 纳米片的 γ-Al_2O_3/c-BCB 复合材料在 150 ℃ 下可达到 $4.07\ J/cm^3$ 的能量密度,在 450 MV 的外加电场下可保持超过 90% 的充放电效率。

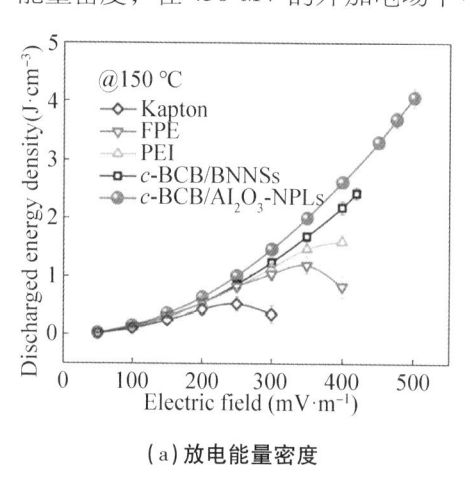

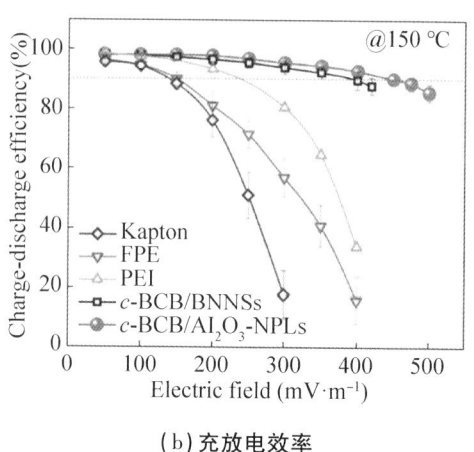

(a) 放电能量密度　　　　　　(b) 充放电效率

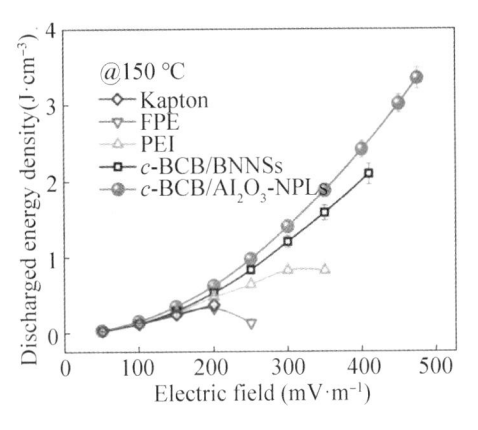

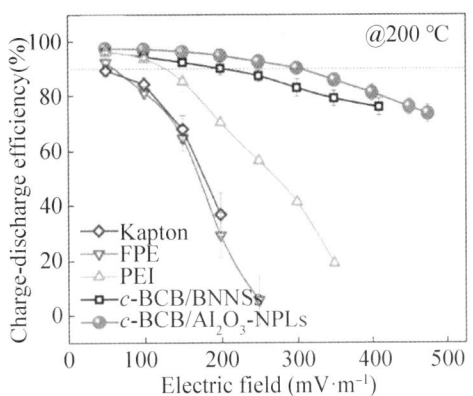

(c) 在200 ℃下测量的 γ-Al_2O_3/c-BCB 高温介电聚合物的放电能量密度

(d) 在200 ℃下测量的 γ-Al_2O_3/c-BCB 高温介电聚合物的充放电效率[153]

图 1-12 在 150 ℃下测量的 γ-Al_2O_3/c-BCB 高温介电聚合物的储能性能

此外，Ai 等人[154]将四种具有不同介电常数和带隙的纳米填料——Al_2O_3、TiO_2、HfO_2 和 BNNSs，在纳米填料表面通过原位缩聚 PI，得到四种不同填料的 PI 复合电介质薄膜。其中，TiO_2/PI 复合材料在室温下具有最高的介电常数。但 TiO_2 在四种纳米填料中的带隙最小，因此与其他纳米复合材料相比，其击穿强度较低，因而储能模量较小。在 150 ℃的高温环境下，Al_2O_3 的能量密度和充放电效率测得为 1.12 J/cm^3 和 93.7%，HfO_2 复合材料的储能模量和充放电效率达到 1.21 J/cm^3 和 91.0%。这项工作证实，具有宽带隙的纳米填料可以通过增加捕获深度来有效地阻断传导电流，可明显提高聚合物基复合材料击穿强度及储能密度。Ren 等人[155]将 HfO_2 通过超声处理，通过溶液流延分散到 PEI 中。在 150 ℃下，具有 3vol% HfO_2 的 HfO_2/PI 复合薄膜测得的最大储能密度为 2.82 J/cm^3。HfO_2/PI 纳米复合材料还显示出比纯 PEI(0.18 MV/cm^3)更高的功率密度(0.22 MV/cm^3)。REN 等人[156]设计了一种核壳结构的纳米复合材料，其中高介电常数 ZrO_2(K 约为 25)核被宽带隙材料 Al_2O_3(K 约为 8~10)壳层包裹。将核壳结构引入 PEI 基质中后，Al_2O_3@ZrO_2/PEI 纳米复合材料在 11vol% 的填料含量下，在 150 ℃下表现出达 585 MV/m 的高击穿强度。由于 Al_2O_3@ZrO_2 的引入降低了复合材料的传导损耗，Al_2O_3@ZrO_2/PEI 纳米复合材料在 150 ℃下具有 3.11 J/cm³ 的储能模量和 92.6% 的充放电效率；而未引入 Al_2O_3 组分的 ZrO_2/PEI 复合材料的储能密度和充放电效率则为 2.96 J/cm³ 和 88.0%。Li 等人[157]报道了一种由 BT 纳米粒子、BNNs 和 PEI 组成的三元复合材料，两种纳米填料的协同作用使复合薄膜具有 547 MV/m 的高击穿强度及 2.92 J/cm³ 的高储能密度。

1.3.3.3 多层结构耐高温聚合物复合电介质薄膜

除了设计均质聚合物基复合薄膜，还可以通过引入多层结构，以提高高温介电聚合物复合材料的介电及储能行为。Azizi 等人[158]合成出六方氮化硼(hexagonal boron nitride，h-BN)，并通过抵押化学气相沉积法(chemical vapor deposition，CVD)将 h-BN 沉积在铜箔上，再通过热压将沉积了 h-BN 的铜箔压制在 PEI 薄膜两侧，并通过化学刻蚀除去铜质得到三明治结构的 h-BN/PEI/h-BN 复合薄膜，具体合成示意图如图 1-13 所示。虽然 h-BN 对 PEI 基质的介电性能影响较少，但 h-BN 的宽带隙使 h-BN/PEI 与电极间产生了有效的电子势垒，可有效阻挡电荷注入从而将低介电损耗。在 200 ℃的环境下，三明治结构的 h-BN/PEI/h-BN 复合薄膜的储能密度可达 1.19 J/cm³。除了氮化硼，它也可将 SiO_2 负载在聚合物基材上制备多层结构的电介质复合薄膜。Zhou 等人[159]报道了一种等离子体增强化学气相沉积法，并利用该工艺将 SiO_2 负载在 BOPP 表面，制备得到 BOPP-SiO_2 复合电介质薄膜。用这种方法制成的 BOPP-SiO_2 复合材料在 120 ℃(原始 BOPP 电容器几乎无法工作的温度)下表现出较高的储能密度(1.33 J/cm³)。SiO_2 层可以承受超过 50 000 次充电/放电循环。该方法可以扩展到与其他高 T_g 聚合物基材形成复合材料中去。此外，Dong 等人[160]以聚酰亚胺为聚合物基材制备了一种多层复合材料，其结构可以表示为 X-PI-X-PI-X，其中 X 为 Al_2O_3、ZrO_2 和 ZrO_2 三种金属氧化物之一。结果表明，多层 Al_2O_3 结构可以更有效地阻断漏电流形成及电荷传输，与 Al_2O_3 复合的多层电介质薄膜具有较高的储能模量，在 150 ℃的环境下为 2.74 J/cm³，在 200 ℃的环境下则为 1.59 J/cm³。

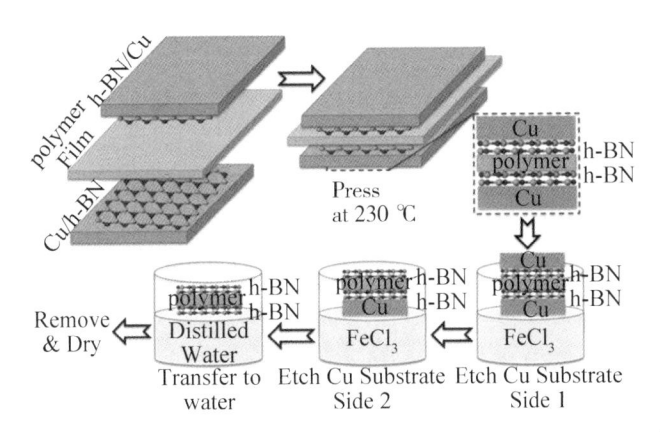

图 1-13　CVD 法生长的 h-BN 薄膜转移至 PEI 薄膜流程示意图[160]

通过上述分析，为了适应新技术和新应用发展要求，众多学者都在探索高热稳定性的聚合物基电介质薄膜，但由于聚合物的低介电特性，发展聚合物基纳米复合材料已成为未来的重要研究方向之一，但如何控制复合材料的界面结构以实现材料器件电性能均一化已成为这一方向的重要难题。

1.4　本书的研究背景、研究内容

1.4.1　本书的研究背景

随着电子信息产业的迅猛发展，人们对微电子器件的要求越来越高。近年来，人们对新型高集成、轻量、便携电子设备的需求增加，因此，新型先进电介质材料的研究和制造备受关注。这种材料作为高性能电容器的关键因素，对元器件性能有着直接的影响。在军用和民用领域中，电容器已被广泛应用于航空航天系统、电磁炮武器系统、石油勘探系统和电动汽车等领域。在这些应用场景中，高温和强辐射等因素普遍存在，因此研发介电常数高、介电损耗低、击穿强度高、质量轻且耐高温的电介质材料非常重要，有助于制备新的储能元件。然而，目前任何单一组分的电介质材料都无法满足以上性能要求。传统的无机陶瓷介质材料因密度高、重量大、加工困难和易脆等特点，难以满足实际应用的需求。相比之下，高分子电介质材料具有质量轻、高击穿强度、易加工成型和柔性好等优点，因此越来越受到人们的关注。目前的耐高温聚合物基复合电介质材料仍存在一些问题，如介电性能低、聚集态结构复杂导致加工控制难度大，复合材料在加工过程中的团聚导致电性能恶化，填充复合材料电介质器件应用中的蠕变严重影响器件的稳定性和使用寿命等，急待发展结构稳定易于加工调控的高热稳定性聚合物及其介电功能复合材料。因此，开展耐高温聚合物纳米复合材料的微结构搭建和控制技术研究具有重要的科学意义和实际应用价值。聚芳醚腈是近年发展起来的一类新型的耐高温高分子材料。开展聚芳醚腈结构与性能的研究，发展介电复合材料制备技术，对开发聚芳醚腈系列产品、拓展聚芳醚腈功能化具有重要的现实意义。

本书的研究重点在于聚合物聚集态结构设计和填料微纳结构调控两方面。通过对聚合物聚集态结构进行设计控制复合材料的介电性能和机械性能，同时调控填料的微纳结构以增强复合材料的导电性能和热稳定性。聚合物聚集态结构设计与填料微纳结构调控同时开展，协同构筑高性能聚芳醚腈基电介质复合材料。

首先，本书以聚芳醚腈作为耐高温聚合物基电介质材料的聚合物基体，采用无定形态 HQ/BP-PEN、结晶型 HQ/RS-PEN-c、交联型 BP-PEN-ph，及结晶可交联型 HQ/BP-PEN-c-ph 四种不同聚集结构的聚芳醚腈。四种聚芳醚腈的介电常数为 3.5～4.0，介电损耗为 0.015 左右。根据聚芳醚腈不同聚集态结构特点，灵活地对填料进行结构设计与选择，可根据不同的环境特点来满足实际应用需求。

其次，对于复合电介质材料中填料的选择与设计，本书主要以 high-k 铁电陶瓷材料 BT 和导电填料 GO 为主要组分，通过对 BT 和 GO 微纳结构的调控如表面修饰、形态调控和填充含量等手段，提高填料与聚合物基体的相容性；并与不同聚集态结构聚芳醚腈的特征相匹配，协同提升聚合物薄膜的介电、力学和耐热特性，探究复合电介质材料的各种性能。

1.4.2 本书的研究内容

聚合物基纳米复合材料结合了聚合物基体的高热稳定性和柔韧性，以及无机填料的多功能特性，已在轻质材料与器件、柔性电子材料与器件、高储能密度薄膜电容器等领域开展了大量的基础研究和应用研究。

针对耐高温聚合物纳米复合材料的制备过程中的纳米团聚、复合材料相分离问题，本书以聚芳醚腈为基体树脂，开展聚芳醚腈结构与性能研究。本书通过分子设计探索无定形聚芳醚腈、结晶性聚芳醚腈、可交联聚芳醚腈、结晶交联型聚芳醚腈等调整聚合物聚集态结构；通过多纳米填料表面接枝、包覆构建功能化纳米结构，研究不同形态结构的聚芳醚腈与纳米复合材料的微纳结构的构筑，以期获得可通过聚合物结构形态调控聚芳醚腈微纳结构的介电复合材料；通过不同尺度、不同性状的纳米材料的界面修饰搭建聚芳醚腈纳米复合材料的微纳结构，以期实现结构调控性能，研究结构、组成、形态对聚芳醚腈纳米复合材料介电性能的影响，揭示聚芳醚腈纳米复合材料微纳结构调控策略，为高性能聚芳醚腈基电介质复合材料的应用研究奠定实验基础。

本书的研究思路如图 1-14 所示。

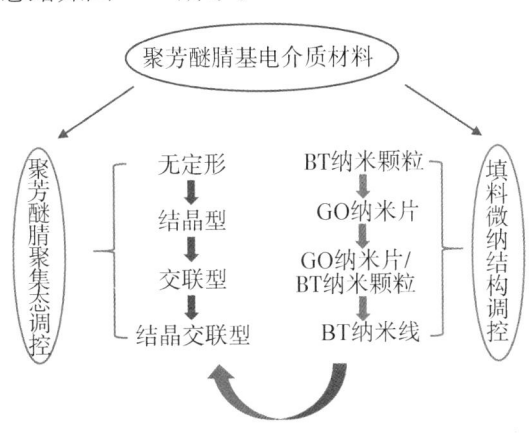

图 1-14　本书的研究思路图

根据以上研究思路，本论文具体研究内容如下。

（1）将对苯二酚（HQ）及联苯二酚（BP）作为聚芳醚腈制备中的双酚单体，合成无定形态 HQ/BP-PEN 基体树脂。通过羧基化酞菁锌对钛酸钡纳米颗粒进行微纳结构调控，制备出具有不同羧基化酞菁锌有机壳层厚度的 BT@ZnPc 纳米粒子，以改善 BT 与 PEN 基体相容性，并研究 BT@ZnPc 对 HQ/BP-PEN 性能的影响。

（2）通过氧化石墨烯表面原位生长有机金属框（UiO-66-NH$_2$）构筑多维度的介电功能填料（M@G），研究聚芳醚腈/M@M 纳米复合材料的制备，及其对复合材料结构性能的影响。通过静电吸附作用向 BT@ZnPc 纳米颗粒中引入石墨烯 GO 组分，进一步实现对复合材料微纳结构的调控以期提高复合材料的介电性能。

（3）将对苯二酚（HQ）和间苯二酚（RS）作为聚芳醚腈制备中的双酚单体，制备可结晶的聚芳醚腈（HQ/RS-PEN-c）基体树脂。通过在钛酸钡纳米颗粒表面原位生长聚脲（PUA）有机层，得到 BT@PUA 核壳结构纳米颗粒，制备出不同含量的 BT@PUA/HQ/RS-PEN-c 复合薄膜；利用极性 PUA 层提升 HQ/RS-PEN-c 的结晶行为，研究其对聚芳醚腈复合薄膜介电性能的影响。

（4）将联苯二酚（BP）作为聚芳醚腈制备中的双酚单体，并用 4-硝基邻苯二甲腈对聚合物进行封端，得到交联型聚芳醚腈（BP-PEN-ph）基体树脂。通过水热法合成具有高长径比的 BT 纳米线（BTnw）；并用 4-硝基邻苯二甲腈对 BTnw 表面进行氰基官能化，制备出高长径比的 BTnw-CN。研究 BTnw-CN/BP-PEN-ph 复合电介质薄膜的制备与交联行为，揭示复合材料的结构与性能关系。

（5）将联苯二酚（BP）及对苯二酚（HQ）作为聚芳醚腈合成中的双酚单体，并用 4-硝基邻苯二甲腈对聚合物进行封端，得到可结晶可交联的聚芳醚腈（HQ/BP-PEN-c-ph）基体树脂。利用一维 BTnw-CN 与聚芳醚腈复合得到具有不同填料含量的 BTnw-CN/PEN 复合薄膜，研究复合薄膜的结晶与交联行为，探索聚芳醚腈聚集态结构变化对复合材料结构与性能的影响。

第二章

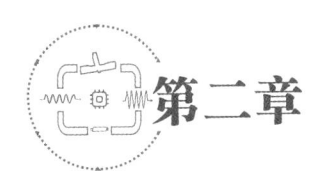

基于钛酸钡纳米粒子的聚芳醚腈复合材料及其介电性能研究

2.1 引言

为了满足现代电子工业飞速发展的需求,高介电常数材料在电容器、电磁屏蔽和储能等领域的应用引起了人们的关注[161,162]。与传统高介电陶瓷材料如钛酸钡($BaTiO_3$,BT)、钛酸锶钡、锆钛酸钡相比,聚合物介电材料因其重量轻、易加工的特点而被广泛应用于储能器件中。纯聚合物介电材料的缺点是其本征介电常数较低,与陶瓷介质高达数百甚至数千的介电常数相比,聚合物介质的介电常数通常低于15。常用的聚烯烃介电常数仅为2.0,而环氧树脂的介电常数在3.3左右[163]。虽然聚芳醚腈中存在大量的腈基极性基团,但其介电常数通常在4.0左右。为了解决聚合物介电常数低的问题,常将高介电常数陶瓷填料或导电填料引入聚合物基体中,使聚合物复合材料结合聚合物基体的易加工、高柔性和较高击穿场强与陶瓷或导电填料的高介电常数优势,从而解决了仅采用单一组分材料而导致的局限性。

铁电陶瓷材料由于具有出色的高介电常数和较低的介电损耗,常被用作电介质复合材料中的无机填料。但大多数陶瓷纳米填料由于比表面积大、表面能高和界面相互作用弱等缺点,极易在聚合物基体中团聚,复合材料在加工过程中的团聚导致性能恶化，从而严重影响聚合物基纳米复合材料的机械性能和介电性能。因此，通常需要对铁电陶瓷纳米填料进行表面改性，以增加其与聚合物基体的相容性，从而减少填料团聚带来的不良影响。此外，向复合物电介质体系中引入金属颗粒、氧化石墨烯、碳纤维或碳纳米管等导电填料，在低填充量下对于提高聚合物复合体系的介电常数非常有效。氧化石墨烯是一种典型的二维层状结构，可作为载体在其表面沉积四氧化三铁、钛酸钡和二氧化钛等无机纳米粒子，获得具有优异电学和磁学性能的新型杂化物。

本章选用钛酸钡(BT)作为主要组分填料，以间苯/联苯型聚芳醚腈(HQ/RS-PEN)作为聚合物基体树脂制备聚芳醚腈基电介质复合材料。为了提高聚合物基质和填料之间的相容性，利用不同用量的超支化酞菁锌(ZnPc)化学接枝在BT表面，研究其复合材料的制备、相容性、介电性能。

2.2 实验部分

2.2.1 实验试剂

本章使用的化学试剂在直接购入后，未经任何进一步处理，均采用原始试剂，具体试剂的信息可参见表2-1所列。

表 2-1 实验试剂信息

试剂名称	缩写	规格	生产厂家
4,4'-联苯二酚	BP	LR	天津索罗门生物科技有限公司
间苯二酚	RS	AR	成都市科龙化工试剂厂
酚酞	PP	≥98%	成都市科龙化工试剂厂
4-硝基邻苯二甲腈	—	≥98%	成都市科龙化工试剂厂

续表

2,6-二氯苯甲腈	DCBN	AR	扬州天辰精细化工有限公司
无水碳酸钾	K_2CO_3	AR	阿拉丁试剂(上海)有限公司
N-甲基吡咯烷酮	NMP	AR	成都市科龙化工试剂厂
甲醇	—	AR	阿拉丁试剂(上海)有限公司
N,N-二甲基甲酰胺	DMF	AR	成都市科龙化工试剂厂
四氢呋喃	THF	AR	阿拉丁试剂(上海)有限公司
氯化锌	$ZnCl_2$	AR	成都市科龙化工试剂厂
甲苯	—	AR	成都市科龙化工试剂厂
盐酸	—	AR	阿拉丁试剂(上海)有限公司
无水乙醇	—	AR	成都市科龙化工试剂厂
钼酸铵	$(NH_4)_2MoO_4$	AR	成都市科龙化工试剂厂
石油醚	—	GR	成都市科龙化工试剂厂
氢氧化钠	NaOH	AR	成都市科龙化工试剂厂
钛酸钡	BT	AR	阿拉丁试剂(上海)有限公司
过氧化氢	H_2O_2	AR	成都市科龙化工试剂厂

2.2.2 表征仪器及方法

2.2.2.1 化学结构表征

傅里叶变换红外光谱(fourier transform infrared spectrometer, FTIR)、X射线衍射(X-ray diffractometer, XRD)和X射线光电子能谱(X-ray photoelectron spectroscopy, XPS)是本章主要的分子结构分析方法。使用安捷伦GPC系统(Agilent, USA)通过凝胶渗透色谱(GPC)测量聚芳醚腈的相对分子量及分子量分布。

为了表征样品的分子振动光谱,采用Thermo Fisher Nicolet Is10红外光谱仪表征,样品测试时采用高纯KBr作为窗片,波数范围为400~4 000 cm^{-1},分辨率为4 cm^{-1},扫描次数为16。

纳米粒子的晶体结构采用德国 Karlsruhe 公司的 Bruker D8 ADVANCE A25X 型 XRD 进行测试,其 X 射线源为 Cu-$k\alpha$,扫描范围为 $2\theta = 50 \sim 80°$。

为进一步表征样品分子结构,采用 ESCA2000 型 X 射线光电子能谱仪,其 X 射线源为单色 Al-$k\alpha$($hv = 1486.6$ eV)。

对所得样品进行 Zeta 电位测试,使用了马尔文(Nano ZSE +,MPT2)激光粒度仪。测试时,微球测试浓度范围为 10 ~ 0 μg/mL,程序自动扫描,并在扫描三次后取平均值。

2.2.2.2 微观形貌表征

为了测试纳米粒子的微观形貌特征,采用了日本电子公司的 JSM-6490 LV 型扫描电子显微镜。核壳结构纳米粒子微观结构表征采用 ZEISS Libra 200 FE 型透射电子显微镜(transmission electron microscopy,TEM)进行测试。在测试前将粉末状样品分散在铜网上,并在测试前对样品进行了表面喷金处理。使用该扫描电镜配套的能谱仪(energy spectrometer,EDS)对复合薄膜断面形貌的元素类型进行分析,并进行测试表征获得。

2.2.2.3 热性能分析

样品的热学性能主要通过差示扫描量热法(differential scanning calorimetry,DSC)、热重分析(thermogravimetric analysis,TGA)表征。

为了测量所制备的样品的玻璃化转变温度,采用 DSC(TA Q100)测量,测试环境在氮气保护条件下;设置控温程序为以 50 ℃/min 的速率从室温升至 220 ℃,保持 10 min 以去除样品热历史,随后自然冷却降至室温,再以 10 ℃/min 的速率升温至 300 ℃。

为测量所得样品的热分解温度,采用 TGA(TA Q50)测量,测试环境在氮气保护条件下;设置控温程序为以 20 ℃/min 的速率升温至 600 ℃。

2.2.2.4 力学性能测试

为了得到样品的力学性能,采用中国深圳三思电子仪器公司的 SANS CMT6104 型万能力学实验对样品进行测试。所有待测材料均被裁剪成 10 × 100 mm 的矩形样条,测试过程中采用 GB/T 1040.1—2006《塑料 拉伸性能的测定》的规定对样品进行拉伸测试。

2.2.2.5 介电性能测试

为了测试制备得到的材料的介电性能,使用了同惠电子仪器公司TH2819A型精密LCR数字电桥仪,测试的电场频率范围为20 Hz ~1 000 kHz。测试所用的薄膜样品裁剪为矩形样条,尺寸为10 mm×10 mm,测试前在样品表面均匀平铺导电银胶。薄膜样品的电击穿性能采用中航时代公司ZJC-50KV型电耐压测试仪进行表征。

2.2.3 钛酸钡纳米颗粒的界面修饰及结构调控

2.2.3.1 核壳结构 BT@ZnPc 的构筑

为了避免BT纳米粒子在PEN基质中的团聚,首先制备出羧基化酞菁锌(zinc phthalocyanine,ZnPc),并对BT进行化学接枝,通过对ZnPc含量的调控,制备出具有不同有机层厚度的BT@ZnPc核壳结构,制备路线如图2-1所示。

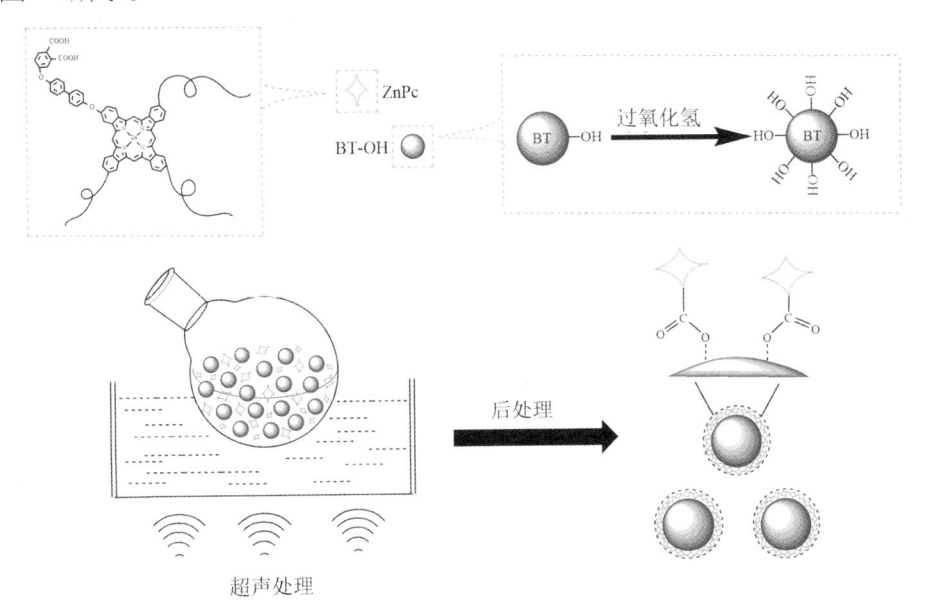

图2-1 核壳结构 BT@ZnPc 的合成机理图

首先,制备羧基化酞菁锌。称取 38.46 g(0.12 mol)酚酞、34.6 g

(0.2 mol)4-硝基邻苯二甲腈与 36.43 g(0.26 mol)无水碳酸钾加入至 50 mL N,N-二甲基甲酰胺溶剂中,并在 60 ℃ 油浴锅中恒温搅拌 8 h;在反应完成后,将液体倒入稀盐酸溶液(浓盐酸:去离子水重量比为 1:11)中机械搅拌 30 min,再继续用去离子水、热乙醇和热甲醇反复洗涤、过滤进行纯化,得到酚酞型邻苯二甲腈(phenolphthalein-type phthalonitrile,PP-BPH)。然后,将 2.28 g(4 mmol)PP-BPH、0.136 g(1 mmol)氯化锌和 10 mg 钼酸铵加入放有 10 mL DMF 溶剂的 50 mL 三口烧瓶中,机械搅拌并回流 3 h;在反应完成后,将反应物溶液倒入去离子水中析出,并用热甲醇洗涤纯化,再以 THF 和石油醚体积比 3:1 的混合溶液作为洗脱机,利用柱层析法对产物进一步纯化后利用旋转蒸发脱除溶剂得到 ZnPc 粉末。最后,将 2.3 g 的 ZnPc 加入配有 240 mL 1 mol/L NaOH 溶液的 500 mL 三颈烧瓶中搅拌回流 8 h;再将 500 mL 的 1 mol/L HCl 溶液分次加入 ZnPc 溶液中,用去离子水洗涤多次,过滤并干燥后得到羧基化 ZnPc。

将 8 g 钛酸钡加入至 200 mL 过氧化氢溶液中加热搅拌并回流 6 h,经去离子水洗涤 3 次并过滤,在 80 ℃ 真空烘箱中干燥 12 h 后得到羟基化钛酸钡(Barium hydroxylated titanate,BT-OH)[164]。将 2.0 g BT-OH 在 80 mL N-甲基吡咯烷酮(N-Methylpyrrolidone,NMP)中超声搅拌 1 h,然后加入适量的 ZnPC-COOH,在室温下超声搅拌 3 h。之后将混合物转移至水热釜,在 200 ℃ 下保持 4 h。将产物过滤,用去离子水洗涤并在 80 ℃ 的真空烘箱中干燥 24 h 得到 BT@ZnPc 核壳结构。通过在制备过程中加入 0.4 g、0.6 g 和 0.8 g ZnPC-COOH 调控出具有不同有机层厚度的核壳结构 BT@ZnPc,分别命名为 BT@ZnPc-1、BT@ZnPc-2 和 BT@ZnPc-3。

2.2.4 聚芳醚腈基复合介质薄膜的制备

2.2.4.1 聚芳醚腈 HQ/BP-PEN 的制备

利用对苯二酚(HQ)和联苯二酚(BP)作为聚芳醚腈制备中的双酚单体与二氯苯甲腈在碳酸钾作催化剂下,通过溶液聚合制得无定形聚芳醚腈无定形态 HQ/BP-PEN 基体树脂[165]，典型的合成步骤如图 2-2 所示。

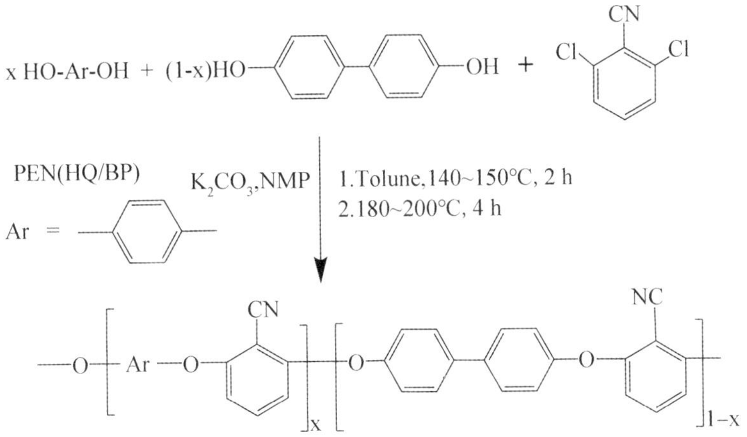

图 2-2　无定形间苯-联苯型聚芳醚腈 HQ/BP-PEN 合成示意图

具体操作步骤如下。

首先，将 300 mL NMP、100 mL 甲苯、0.64 mol BP、0.16 mol HQ、0.8 mol DCBN 和 155 g 碳酸钾粉末加入至 1 L 的三口烧瓶中，在低速度机械搅拌下开启加热套，进行加热升温。当三颈瓶内温度升至约为 145 ℃时，混合物会出现回流脱水现象。在保持该温度的情况下，继续反应 3 h 以去除反应过程中脱出的水分。

其次，从分水器中逐渐释放水及甲苯，并缓慢将反应温度缓慢升高至 185 ℃左右。在此温度下继续反应 3 h，直至反应物黏度不再发生明显变化。然后，将所得混合物从三口烧瓶倒入去离子水中，使其析出并将其粉碎，得到聚芳醚腈粉末。

然后，用丙酮溶剂将聚芳醚腈粉末浸泡并静置 12 h，以去除未参加反应的双酚单体或小分子。经布氏漏斗抽滤后，将产物倒入提前配置好的稀盐酸溶液中煮沸，去除聚芳醚腈聚合过程中产生的过量无机盐。

最后，将纯化后的聚合物粉末置于 100 ℃的真空烘箱后干燥 12 h，即得到聚芳醚腈产物。本书所制备的聚芳醚腈的相对分子量和分子量分布见表 2-2 所列，四种聚芳醚腈的分子量及分子量分布差距较小。

表 2-2 本书所用聚芳醚腈的分子量和分子量分布

聚芳醚腈种类	重均分子量/(g·mol⁻¹)	数均分子量/(g·mol⁻¹)	分子量分布
对苯联苯型聚芳醚腈	211 019	108 112	1.95
对苯间苯型聚芳醚腈	268 561	140 535	1.91
封端-联苯型聚芳醚腈	289 063	154 947	1.87
封端-对苯联苯型聚芳醚腈	249 679	133 305	1.87

2.2.4.2 BT@ZnPc/PEN 复合材料的制备

BT@ZnPc/PEN 纳米复合材料薄膜采用溶液流延法制备。具体操作如下：首先，量取 10 mL 的 NMP 溶剂置于 50 mL 的三颈烧瓶中，再称取一定量的 BT@ZnPc 加入至 NMP 溶剂中，在 80 ℃下机械搅拌并超声 1h，得到分别具有 0wt%、5wt%、10wt%、20wt% 和 30wt% BT@ZnPc 的 BT@ZnPc/PEN 复合材料；然后，将 BT@ZnPc/PEN 复合材料浇铸在水平玻璃板上，放入烘箱逐步升温以脱除溶剂，升温程序为 80 ℃ 1h、100 ℃ 1h、120 ℃ 1h、160 ℃ 2h、200 ℃ 2h；最后，在程序运行完成后，待复合薄膜冷却至室温后从玻璃板上揭出，即得到 BT@ZnPc/PEN 纳米复合膜。用作对比样的 BT/PEN 薄膜通过相同的程序制备得到，所有样品均保存在干净的干燥器中待测试。

2.3 结果与讨论

2.3.1 BT@ZnPc/PEN 复合材料的结构与性能研究

使用羧基化酞菁锌(ZnPc)作为 BT 表面的包覆层实现纳米钛酸钡的表面羧基化，羟基化的钛酸钡将和羧基化的 ZnPc 实现化学键合包覆，从而构筑稳定的微纳结构。通过控制 ZnPc 的用量来控制包覆层的厚度，制备了具有不同壳层厚度的 BT@ZnPc/PEN 纳米复合材料，包裹在 BT 表面的 ZnPc 与 HQ/BP-PEN 基体构筑了良好的相容层，避免了 BT 纳米粒子在聚合物基质中的团聚，从而搭建出复合材料的微纳结构粒子相，实现了聚芳醚腈复合材料的强韧化和介电功能化[166]。

2.3.1.1 BT@ZnPc 纳米粒子的结构表征

核壳结构的 BT@ZnPc 结构与化学组成成分由 FTIR、XRD 和 XPS 进行表征。

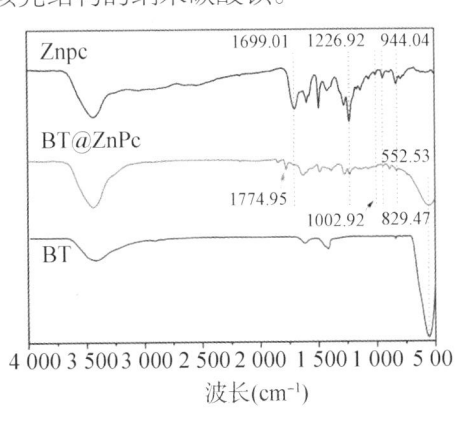

图 2-3 显示了 BT-OH、ZnPc 和 BT@ZnPc 的 FTIR 光谱。如图 2-3 中 BT 的红外光谱所示，BT 光谱 553 cm^{-1} 处的吸收峰是由 Ti—O 振动引起的。对于羧基化 ZnPc-COOH，在 1 598 cm^{-1}、1 003 cm^{-1}、944 cm^{-1} 和 829 cm^{-1} 处的吸收属于酞菁的吸收峰，出现在 1 227 cm^{-1} 处的吸收峰表明了醚键的存在[116]，而位于 1 699 cm^{-1} 和 3 450 cm^{-1} 的特征峰可归因于体系中的羧基。在 ZnPc 的 FTIR 谱中可以清楚地观察到—CN（2 370 cm^{-1}）的特征吸收峰，而在 ZnPc-COOH 的曲线中没有观察到，这表明 FTIR 光谱中—CN 的特征峰消失了，证明 ZnPc 所有—CN 都已水解。BT@ZnPc 的 FTIR 光谱展示了 BT 和 ZnPc 的所有特征峰。此外，该光谱上出现在 1 745 cm^{-1} 处的新峰表明在 BT@ZnPc 中形成了酯键，证明 ZnPc-COOH 的羧基与 BT-OH 表面的羟基发生了化学反应，已经成功将 ZnPc 化学接枝在 BT 表面，从而形成有机包覆层，即构筑了具有核壳结构的纳米碳酸钡。

图 2-3 BT、ZnPc 和 BT@ZnPc 的 FTIR 图

X 射线衍射（XRD）常用于确定化合物的晶体结构及成分。本书通过

XRD 对制备的核壳结构 BT@ZnPc 做了进一步表征，如图 2-4 所示。BT 在 2.1°、31.4°、38.8°、45.2°、50.8°、56.1°、65.7°、70.3°、74.7°和79.5°处显示的衍射图案，对应于 BT（001）、(110)、(111)、(002)、(210)、(211)、(001)、(220)、(212)、(103)和(113)的晶面，呈现典型立方相结构。[167,168] ZnPc-COOH 在 10°～40°之间呈现晕峰[169]。相比之下，BT@ZnPc 结合了 BT-OH 和 ZnPc-COOH 的衍射图，表明 BT@ZnPc 中存在相应的组分。

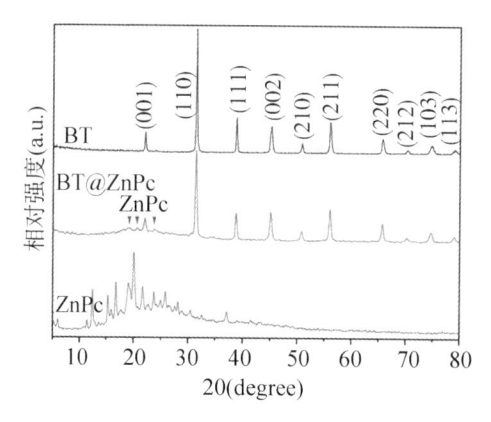

图 2-4　BT、BT@ZnPc 和 ZnPc 的 XRD 谱图

图 2-5 是 BT@ZnPc 的 XPS 谱图和 C1s 分谱，图 2-5(a)展示了 BT@ZnPc 的 XPS 的总谱，从中能明显观测到对应于 BT 的 Ba 3d、Ba 4d、Ba 4p、Ti 2p 和 O 1s 的特征衍射峰；同时，还存在 ZnPc 的 Zn3s 的特征衍射峰，表明了 ZnPc 和 BT 的存在，这从元素组成上说明了该核壳结构的纳米 BT 粒子表面成功被酞菁锌包覆。图 2-6(b)为 BT@ZnPc 的 C1s 光谱，从图中可以区分出分别位于 284.7、285.9 和 289.2 eV 的衍射峰，这三个峰分别代表了碳-碳键、醚键和羰基键的化学键。根据这些信息，可以确认 BT@ZnPc 核壳结构粒子已经成功制备。

(a) 总谱　　　　　　　　　　　　　　(b) C 1s 分谱

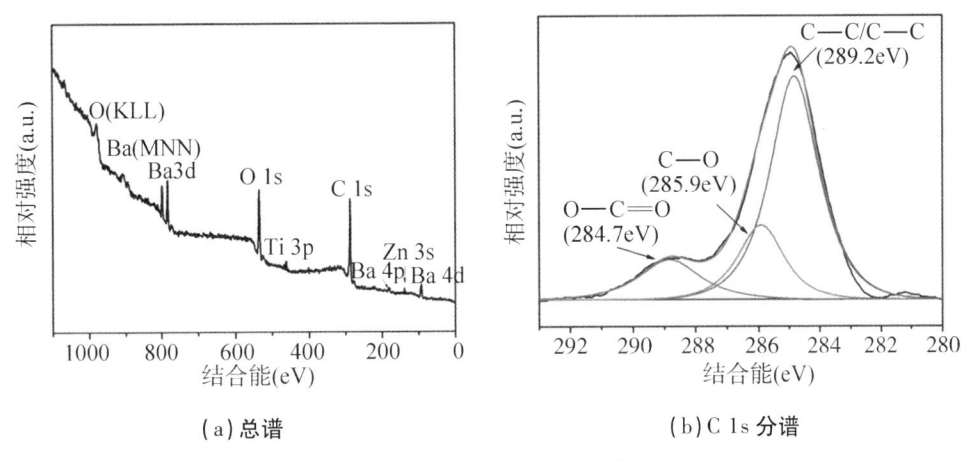

图 2-5　BT@ZnPc 的 XPS 谱图

为了进一步验证 BT@ZnPc 核壳结构的壳层成分含量，图 2-6 展示了不同 ZnPc 含量的 BT@ZnPc 核壳结构的 TGA 曲线。当在氮气气氛中加热至 800 ℃时，BT-OH 的重量损失为 2.6wt%（剩余重量为 97.4wt%）。相比之下，大部分 ZnPc 在 800 ℃时分解，残余重量仅为 28.8wt%。随着核壳结构中 ZnPc 的增加，BT@ZnPc-1、BT@ZnPc-2 和 BT@ZnPc-3 的残碳量分别下降到 88.3wt%、83.3wt% 和 80.8wt%。实际上，BT@ZnPc-1、BT@ZnPc-2 和 BT@ZnPc-3 中 ZnPc 的计算含量分别为 13.3wt%、20.6wt% 和 24.2wt%。这些结果表明，可利用 ZnPc 含量变化来调控钛酸钡包覆层的壳体厚度。

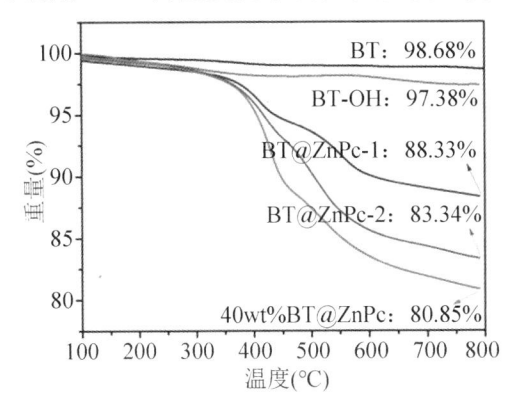

图 2-6　不同 BT@ZnPc 纳米粒子的 TGA 曲线

2.3.1.2　BT@ZnPc 纳米粒子的形貌表征

核壳结构 BT@ZnPc 纳米粒子的形貌是由 SEM、TEM 表征得到。图 2-7

为 BT@ZnPc 的 SEM 图[图 2-7(a)]及 TEM 图[图 2-7(b)]。从 SEM 图中可以看出 BT@ZnPc 纳米粒子的尺寸较为均一，呈现出较均匀的球形，BT@ZnPc 的平均尺寸为 50 nm。从图 2-8(b)可以清楚地观察到 BT 表面包覆了一层致密的 ZnPc 有机层，其厚度约为 10 nm。

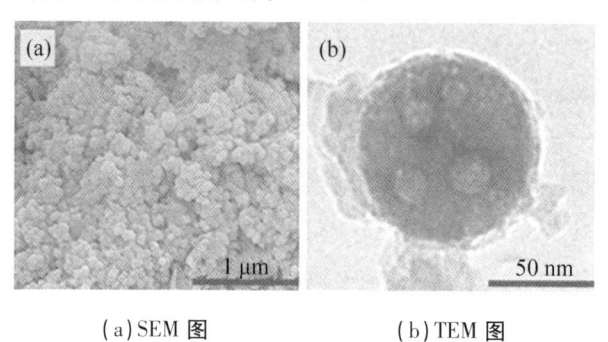

(a) SEM 图　　　　(b) TEM 图

图 2-7　BT@ZnPc 的微观形貌

图 2-8 展示了 BT@ZnPc 的 EDS 扫描图，图 2-8(a)为 BT@ZnPc 的 STEM 图，图 2-8(b)为所有元素的 EDS 图。另外，从图中的微球中可以观察到 Ba、C、O、Ti、N、Zn 元素[图 2-8(c)~(h)]，与图 2-5 的 XPS 测试结果一致，进一步证明了核壳结构中 BT 和 ZnPc 的存在。此外，来自 ZnPc 的 C、N 和 Zn 的分布比来自 BT 的 Ba 和 Ti 的分布更宽，表明 ZnPc 是包裹在 BT 的表面外围，从而形成了 BT@ZnPc 核壳结构。

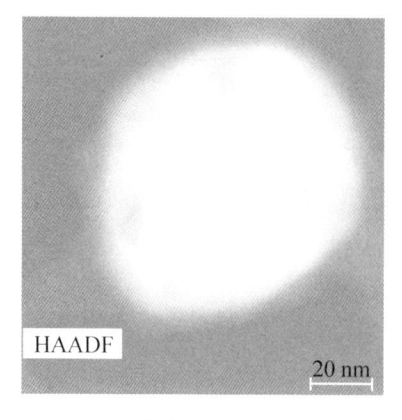

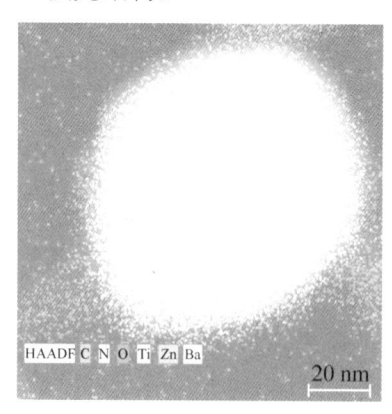

(a) STEM 图　　　　(b) 所有元素的 EDS 图

(c) Ba

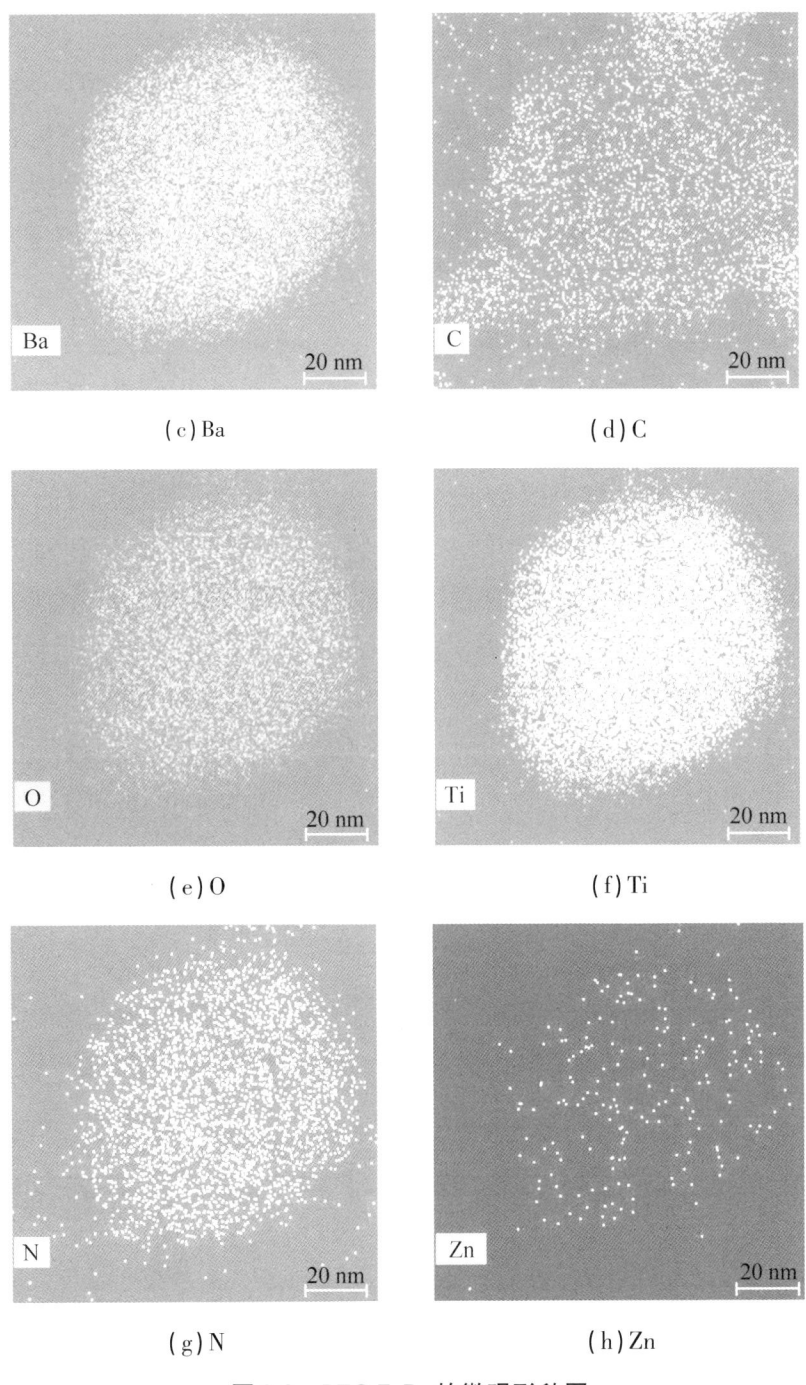

(d) C

(e) O

(f) Ti

(g) N

(h) Zn

图 2-8 BT@ZnPc 的微观形貌图

2.3.1.3 不同 BT@ZnPc/PEN 复合材料的流变性能

由于 BT 在聚合物体系中极易团聚，本章引入 ZnPc 以提高 BT 与聚芳醚腈基体的相容性，并对 ZnPc 有机层的厚度进行调控，研究其对 PEN 基复合电介质薄膜各性能的影响。通过研究聚合物多组分复合材料的黏弹性行为，可以得知填料对聚合物松弛行为的影响[170-172]。图 2-9 为含 30wt% 的 BT@ZnPc-1、BT@ZnPc-2、BT@ZnPc-3 和 BT/PEN 的复合材料的 Cole-Cole 模型曲线。从图中可看出，BT@ZnPc-3/PEN 的 Cole-Cole 曲线接近于半圆[图 2-9(a)]，随着复合材料体系中 ZnPc 含量的降低，曲线明显偏离半圆形状态[图 2-9(b)]。当使用 BT@ZnPc-1 或 BT 作为填料时，Cole-Cole 曲线在高黏度区(低频区)逐渐上升[图 2-9(c)、(d)]。这种偏离半圆形轨迹的行为表明填料和 PEN 基质之间存在不同的相容性，由于低频区域流变行为的变化是由于长弛豫时间的贡献，BT@ZnPc-1/PEN 或 BT/PEN Cole-Cole 曲线尾部的增加表明存在更长的弛豫时间，这是由于该体系中填料与基材之间的相容性差引起的。因此，复合聚芳醚腈材料的 Cole-Cole 曲线证实，核壳结构 BT@ZnPc 中的 ZnPc 改善了聚芳醚腈的分子链段运动模式，并且在 ZnPc 的含量高于 20wt% 后可以获得较好的相容性。这一现象的出现说明适当增加壳层厚度可增加体系相容性，提高复合材料中纳米粒子的均匀分散性。

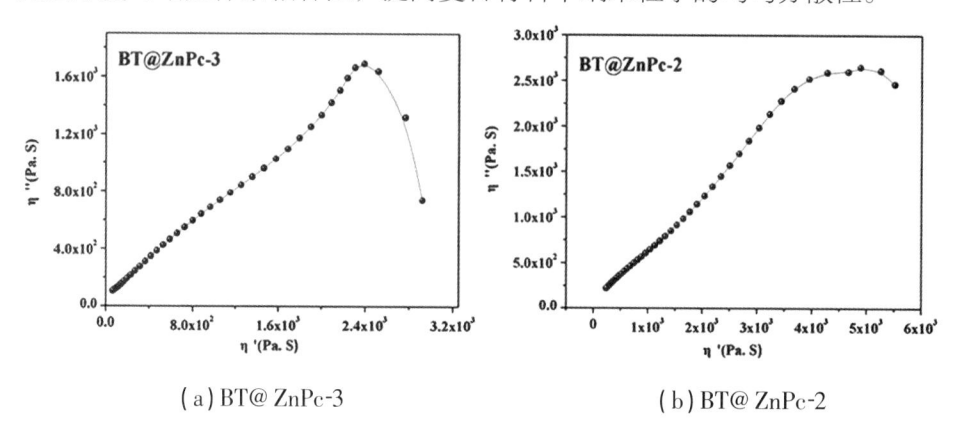

(a) BT@ZnPc-3

(b) BT@ZnPc-2

(c) BT@ZnPc-1　　　　　　　　　　(d) BT

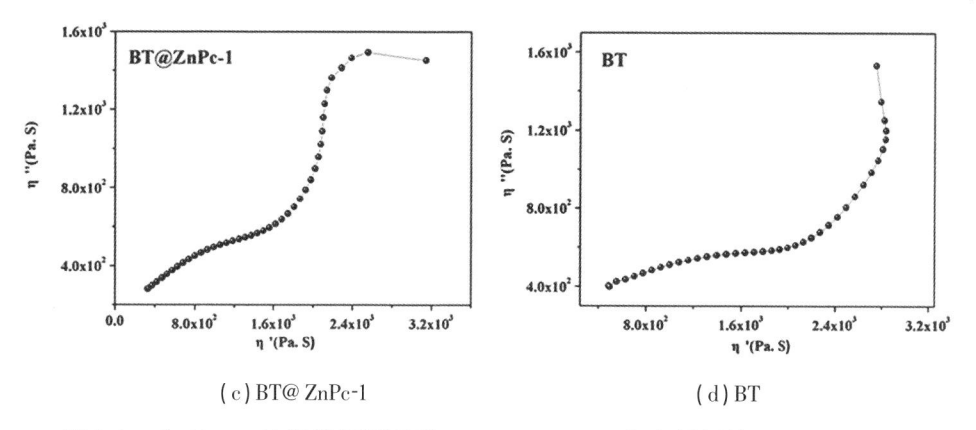

图 2-9　含 30wt% 填料的不同种类 BT@ZnPc/PEN 复合材料的 Cole-Cole 曲线

2.3.1.4　不同 BT@ZnPc/PEN 复合材料的介电性能

BT 作为一种高介电常数铁电陶瓷材料,常被用来提高高分子材料的介电常数。图 2-10 展示了含 30wt% BT、BT@ZnPc-1、BT@ZnPc-2 和 BT@ZnPc-3 的 PEN 复合材料的介电常数和介电损耗。纯聚芳醚腈的介电常数在 1 kHz 时为 3.43,随着 BT 铁电高 K 填料的引入,介电常数明显增加。未引入 ZnPc 有机层的 BT/PEN 复合电介质薄膜的介电常数在 1 kHz 时为 7.19,由于 ZnPc 有机壳层的介电常数较低,介电常数从 BT@ZnPc-1/PEN 到 BT@ZnPc-3/PEN 逐渐降低。有趣的是,BT@ZnPc-2/PEN 的介电常数仅略低于 BT/PEN,这可能是聚合物纳米复合材料的介电机理表现出逾渗行为,对壳体厚度应该有临界值出现。综合聚芳醚腈基复合材料的相容性和介电性能可知,填料与聚芳醚腈之间的相容性随着核壳结构 BT@ZnPc 的壳有机层厚度的增加而增加,但介电常数随着核壳结构 BT@ZnPc 的壳有机层厚度的增加而降低。基于对 BT 表面 ZnPc 结构的调控,综合复合材料的介电性能和流变性能,壳层厚度适中的 BT@ZnPc-2 对聚芳醚腈基复合材料性能具有实际应用参考价值。接下来,本书继续进行含量变化对复合材料性能的影响研究。

(a) 介电常数

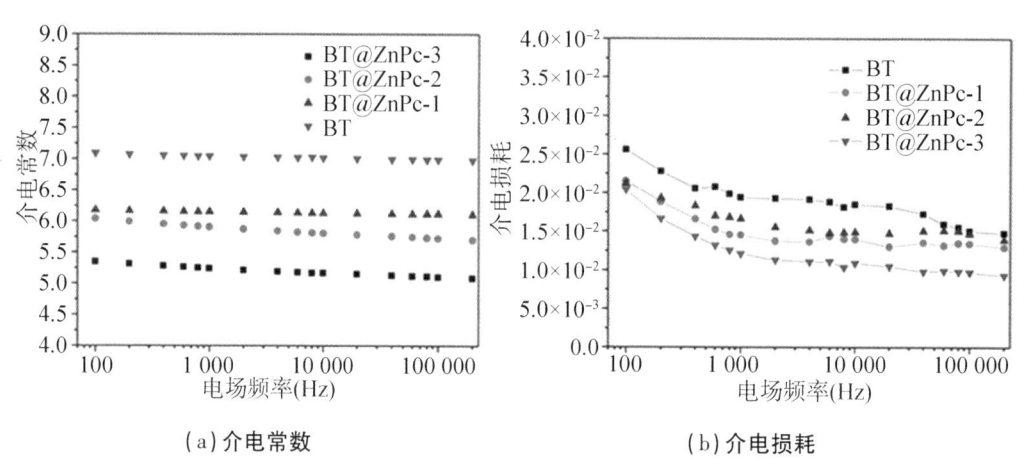

(b) 介电损耗

图 2-10　含 30wt% BT、BT@ZnPc-1、BT@ZnPc-2 和 BT@ZnPc-3 的 PEN 复合材料的介电性能

2.3.1.5　BT@ZnPc-2/PEN 复合材料的流变性能

为了研究 BT@ZnPc-2 的填料含量对 BT@ZnPc-2/PEN 复合材料性能的影响，分别将 0wt%、5wt%、10wt%、20wt% 和 30wt% 的 BT@ZnPc-2 引入到 HQ/BP-PEN 基体中。BT@ZnPc-2 和 HQ/BP-PEN 之间的相容性也通过动态流变测试进行了研究，如图 2-11 所示。图 2-11(a)~(d) 是 BT@ZnPc-2/PEN 复合材料在 330 ℃时的 Cole-Cole 曲线，BT@ZnPc-2 填料含量分别为 0wt%、10wt%、20wt% 和 30wt%。可以清楚地看出纯 PEN 的 Cole-Cole 曲线为半圆弧[图 2-11(a)]，表明 PEN 聚合物的分子链呈现出几乎完全的弛豫状态。当复合薄膜体系中 BT@ZnPc-2 填料含量增加时，复合材料 cole-cole 曲线的半圆的弧度逐渐减小[图 2-11(b)]。这些结果表明，随着填料含量的增加，聚芳醚腈聚合物链的运动受到限制，聚芳醚腈分子链的长程松弛成为聚合物链段松弛的主要形式，又证明填料的增加限制了聚芳醚腈分子链的运动。另外，所有复合材料的 Cole-Cole 曲线均能保持半圆弧形的轮廓，表明 BT@ZnPc-2 与 HQ/BP-PEN 基体之间具有良好的相容性。

(a) 纯 PEN

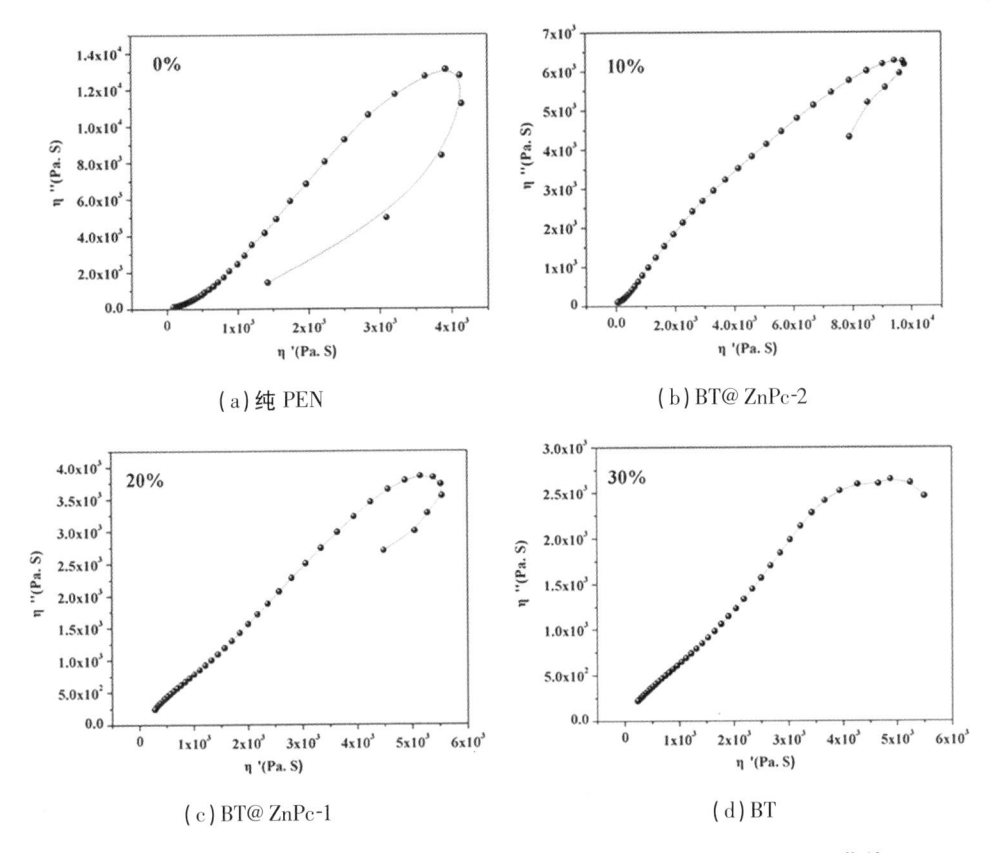

(b) BT@ZnPc-2

(c) BT@ZnPc-1

(d) BT

图 2-11　不同填料含量的 BT@ZnPc-2/PEN 复合材料的 Cole-Cole 曲线

2.3.1.6　BT@ZnPc-2/PEN 复合材料的介电性能

针对 BT@ZnPc-2/PEN 复合材料具有较好的相容性，制备了不同填料含量的 BT@ZnPc-2/PEN 复合材料，并对其介电性能进行研究。图 2-12 是复合材料的介电常数和介电损耗随频率变化的关系，由于电介质材料的弛豫现象，纯聚芳醚腈和 BT@ZnPc-2/PEN 复合薄膜材料的介电常数均随着频率的增加而降低[图 2-12（a）]。BT@ZnPc-2 含量为 0wt%、5wt%、10wt%、20wt% 和 30wt% 的 PEN 复合材料的衰减量分别为 5.6%、5.9%、5.6%、6.2% 和 5.3%，随着频率的变化表现出相对较稳定的介电常数。此外，与预期一致的是，得益于 BT 铁电陶瓷颗粒的高介电常数特性，BT@ZnPc-2/PEN 复合材料的介电常数随着 BT@ZnPc-2 含量的增加而增加，主要由以下几个因素造成：首先，BT 无机颗粒具有更高的介电常数，远高于聚芳醚腈基体，在两相复合时可显著提高聚合物基体的介电常数；其次，纳米复合薄膜中 BT 球形纳米粒子的均匀分散，可在聚合物基质中形成众多微电容器网络，BT 纳米粒子之间储存的大量电荷也能有效提高体系的介电常数。BT@ZnPc-2/PEN 的介电常数在 BT@ZnPc-2 含量为 30wt% 时达到 6.05，相较于纯 HQ/BP-PEN 提高了 70%。

(a) 介电常数　　　　　　　　　(b) 介电损耗随频率的变化

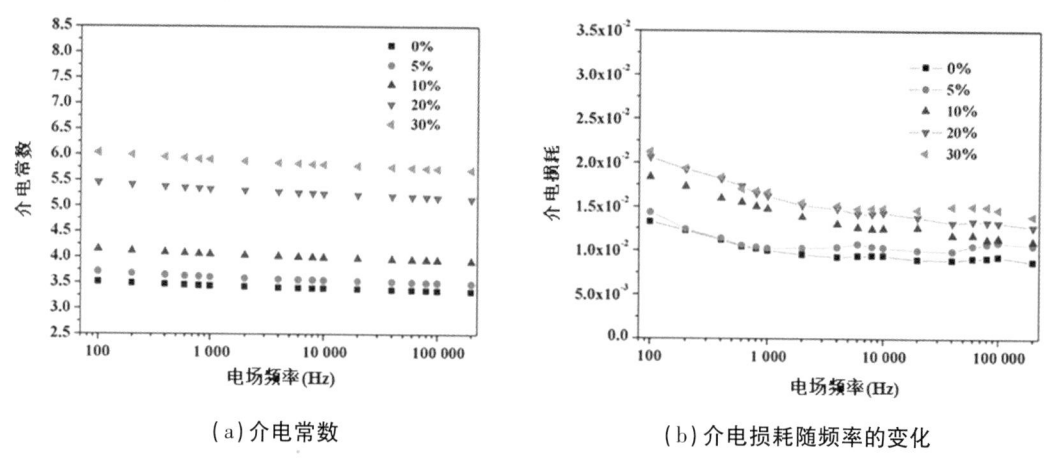

图 2-12　BT@ZnPc-2/PEN 薄膜的介电常数和介电损耗随频率的变化

介电材料需要关注的另一个重要参数是材料的介电损耗。一般来说，如果介电材料的介电损耗较大，在使用过程中会以热量等形式消耗掉一部分储存的能量，对其应用不利。图 2-12(b) 显示了 BT@ZnPc-2/PEN 复合材料的介电损耗。与介电常数相似，BT@ZnPc-2/PEN 复合材料的介电损耗随着频率的升高而降低，随着 BT@ZnPc-2 含量的增加而升高。值得关注的是，由于体系中 ZnPc 壳层的存在，BT@ZnPc-2/PEN 复合材料的介电损耗在高于 100 Hz 的频率下仍能低于 0.02，这是由于 BT@ZnPc 核壳结构和 HQ/BP-PEN 基质的良好相容性，使复合薄膜中无机粒子的团聚而导致的局部电荷聚集现象减少，从而具有较低的介电损耗。

电介质材料的储能性能是评估其应用价值的重要指标，与电介质的基本物理性质有关。高储能密度可以显著减少电容器及附件的体积与重量。薄膜电容器的储能密度可以表示为公式(2-1)[23]：

$$U = \int_0^{D_{max}} E \mathrm{d} D_{max} \tag{2-1}$$

其中，U 为电介质的储能密度，为每单位体积存储的电能（J/cm³）；E 为外加电场；D_{max} 为外加电场达到最大时电介质材料的感应电位移。

其中，电位移 D 与电场 E 之间为线性关系，因此可对公式（2-1）进一步简化，如公式（2-2）所示：

$$D = \varepsilon_r \varepsilon_0 E \tag{2-2}$$

其中，ε_r 为电介质材料的相对介电常数；ε_0 为真空介电常数（$\varepsilon_0 = 8.854 \times 10^{-12}$ F/m）。因此，可得到公式（2-3）：

$$U = \int_0^{D_{max}} E dE = \int_0^{D_{max}} \varepsilon_0 \varepsilon_r E dE \tag{2-3}$$

对于线性电介质而言，电场强度 E 与相对介电常数 ε_r 之间相互独立，即介电常数不随电场变化。因此，公式（2-3）可简化为公式（2-4）：

$$U = \int_0^{E_{max}} \varepsilon_0 \varepsilon_r E dE = \frac{1}{2} \varepsilon_0 \varepsilon_r E_b^2 \tag{2-4}$$

图 2-13 展示了含不同填料含量的 BT@ZnPc-2/PEN 复合材料的击穿强度和储配密度，由图 2-13（a）可知，纯聚合物的击穿强度为 203.72 kV，随着聚合物体系中 BT@ZnPc-2 的引入，聚合物基质中出现大龄界面，使外电场下的自由电荷聚集在界面中，增加了电荷击穿的几率，因此随着 BT@znPc-2 的引入，击穿强度降低。当填料含量达到 30wt% 时，击穿强度为 183.27 kV。根据公式（2-4）可依据介电常数与击穿强度计算出复合电介质薄膜的储能密度。如图 2-13（b）所示，BT@ZnPc-2/PEN 复合薄膜的储能密度从 0.64 J/cm³ 提升至 0.90 J/cm³，提高了 40.6%。这证明 BT@ZnPc 不仅可以提高聚合物介电常数，也可提高复合电介质薄膜的储能密度，较现在广泛实际使用的聚丙烯薄膜 0.3 J/cm³ 的储能密度有大幅度提高。

(a)击穿强度

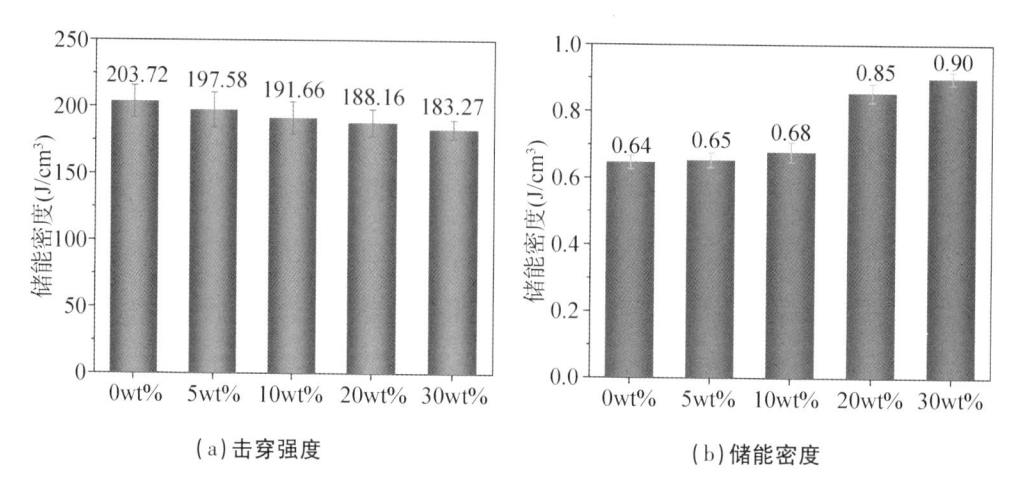

(b)储能密度

图 2-13 含不同填料含量的 BT@ZnPc-2/PEN 复合材料的击穿强度和储能性能

2.3.1.7 BT@ZnPc-2/PEN 复合材料的热性能

评估复合电介质薄膜在实际应用中的温度范围时,聚合物基复合材料的热学性能是一个关键的评价指标[173],通常采用 DSC 测试以得到聚合物基复合电介质薄膜的玻璃化转变温度(T_g)。图 2-14 为 BT@ZnPc-2/PEN 复合电介质薄膜的 DSC 曲线。

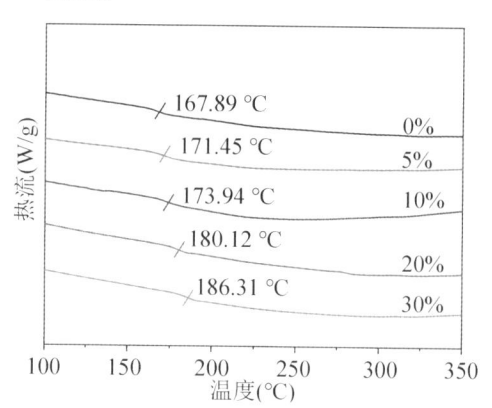

图 2-14 BT@ZnPc-2/PEN 复合材料的 DSC 曲线

由图 2-14 可知,所有样品均拥有较高的玻璃化转变温度(T_g > 167 ℃),且随着电介质复合薄膜系统中 BT@ZnPc 核壳结构填料含量的增加,BT@ZnPc-2/PEN 复合电介质薄膜的 T_g 从 167.89 ℃ 增至 186.31 ℃。这是因为刚性 BT@ZnPc 粒子均匀的分散在 PEN 基质中,阻碍了 PEN 分子链段的运动,随着填料浓度的增加，复合材料中的高分子链段运动进一步被限制，从而提高了 BT@ZnPc-2/PEN 复合电介质薄膜的 T_g。T_g 的提高为该复合材料在高温环境的使用提供了巨大的应用前景。

2.3. 本章小结

本章主要选择对苯二酚和联苯二酚为聚芳醚腈合成中的双酚原料，通过溶液无规聚合 HQ/BP-PEN，合成了无定形聚芳醚腈，选用 BT 纳米颗粒为主要组分填料引入至 HQ/BP-PEN 基体中，制备聚芳醚腈基复合电介质薄膜。为了提高聚合物基质和填料之间的相容性，利用 ZnPc 化学接枝在 BT 表面，通过对 ZnPc 的投料比进行调控，制备得到具有不同有机层厚度的 BT@ZnPc 纳米粒子。通过对 BT 表面 ZnPc 壳层厚度的调控，研究壳层厚度对复合电介质薄膜性能的影响，结果发现如下现象与结论。

（1）由 XPS、XRD、FTIR、TEM 和 SEM 等表征测试证明了 BT@ZnPc 和 BT@ZnPc-GO 粒子的成功制备。

（2）从具有不同 ZnPc 壳层厚度的 BT@ZnPc/PEN 复合材料的流变学性能发现，PEN 复合薄膜中 ZnPc 的存在有效改善了 BT 与 PEN 基体的相容性，且随着 ZnPc 厚度的增强，BT 与聚芳醚腈基质的相容性越好。

（3）从具有不同 ZnPc 壳层厚度的 BT@ZnPc/PEN 复合材料的介电性能来看，由于 ZnPc 的本征介电常数低于 BT 的本征介电常数，随着体系中 ZnPc 含量的提高，BT@ZnPc/PEN 复合材料的介电常数降低。

因此，基于对 BT 表面 ZnPc 壳层厚度的调控，综合复合材料的介电性能和流变性能，选择壳层厚度适中的 BT@ZnPc-2 作为对象，继续研究填料含量对 PEN 基复合材料性能的影响。通过对 BT@ZnPc-2 在复合电介质薄膜中填料含量的调控，研究填料浓度对复合电介质薄膜性能的影响，结果发现：

①从 BT@ZnPc-2/PEN 复合材料的流变学性能可知，刚性 BT@ZnPc 粒子在聚合物体系中含量的增加一定程度上限制了聚合链段的活动，但由于 ZnPc 有机层的存在，仍拥有与聚芳醚腈基体较好的相容性。

②从具有不同填料含量的 BT@ZnPc-2/PEN 复合材料的介电性能来看，随着 BT@ZnPc 核壳结构浓度的增加，BT@ZnPc-2/PEN 的介电常数上升，且在 BT@ZnPc-2 含量为 30wt% 时达到 6.05，相较于纯 PEN 提高了 70%。由于体系中 ZnPc 壳层的存在，BT@ZnPc-2/PEN 复合材料的介电损耗在高于 100 Hz 的频率下仍能低于 0.02。

③BT@ZnPc-2/PEN 复合电介质薄膜具有良好的热学性能，所有样品均拥有较高的玻璃化转变温度（T_g > 167 ℃），且随着电介质复合薄膜系统中 BT@ZnPc-2 核壳结构填料含量的增加，BT@ZnPc-2/PEN 复合电介质薄膜的 T_g 从 167.89 ℃ 增至 186.31 ℃，表明 BT@ZnPc-2/PEN 复合电介质具有在高温环境下工作的潜能。

第三章

基于氧化石墨烯纳米片的聚芳醚腈复合材料及其介电性能研究

3.1 引言

根据第二章的研究结果可知，具有高介电常数的零维 BT 铁电纳米颗粒能够有效提高 PEN 基体的介电常数、储能密度等性能，但需要以较大填充量才能提高聚合物复合电介质薄膜的介电性能。相比之下，导电材料由于自身的逾渗效应，导电颗粒/聚合物复合电介质材料可以在相比铁电填料低得多的填充量下，提高复合材料的介电常数[100,174-176]。基于此，我们可以引入二维片状氧化石墨烯(GO)纳米导电碳材料，在降低复合材料填充量的同时，获得更好的强韧化性能及电功能性能。GO 是一种柔性片状二维纳米碳材料，由碳原子以 sp^2 杂化形成。由于其极高的比表面积、优异的载流子迁移率和良好的力学强度，备受人们关注并运用于各项生产中[192]。同时，GO 的边缘和表面富含许多含氧官能团，如羟基、羧基和环氧基，为进一步改善材料界面性能提供了潜在的机会。此外，有文献报道称，将石墨烯或还原氧化石墨烯填充到聚合物中所制备的纳米复合材料，即使填料负载很低，仍可获得较高的介电常数，这为聚合物电介质薄膜的开发提供了新的选择。然而，GO 所拥有的巨大比表面积，导致其片层结构容易发生聚集现象，因此通过对 GO 表面改性以解决其在聚合物基质中的聚集问题变得十分重要。

本章以 GO 为主要填料组分制备聚芳醚腈基纳米复合材料。为解决 GO 团聚及其和聚合物基体相容性差的问题，首先，利用原位生长的方式将金属有机框架材料(metal-organic framework materials，MOF)UiO-66-NH$_2$ 引入至 GO 片层的表面，并通过对原位生长过程中 GO 含量的改变，调控出具有微纳结构的 GO@MOF(G@M)多维材料；再与聚芳醚腈复合，研究其含量对聚芳醚腈复合材料结构、组成与性能关系，揭示基于石墨烯二维材料与聚芳醚腈形成维纳复合材料的调控机制，揭示介电性能的演变规律。为发展聚芳醚腈纳米复合介电材料开辟新的技术路线。

3.2 实验部分

3.2.1 实验试剂

本章实验所用化学试剂购入后直接使用，具体试剂见表 3-1 所列。部分未列出的试剂与原料厂家及规格同第二章。

表 3-1 实验试剂信息

试剂名称	简写	纯度	生产厂家
氧化石墨烯	GO	AR	深圳市国森领航科技有限公司
氯化钙	CaCl$_2$	AR	阿拉丁试剂(上海)有限公司
氯化锆	ZrCl$_4$	AR	成都鼎盛时代科技有限公司
2-氨基对苯二甲酸	BDC-NH$_2$	AR	苏州兴盛化工试剂厂
醋酸	—	AR	成都市科龙化工试剂厂

3.2.2 表征仪器及方法

样品的化学结构、微观形貌及各性能分析所用测试方法和仪器同 2.2.2 所述一致。

3.2.3 氧化石墨烯纳米片的界面修饰及结构调控

3.2.3.1 G@M 的构筑

为解决 GO 纳米片在聚芳醚腈聚合物中的聚集问题，本节利用原位生长法制备出 G@M 填料[177]，构筑多维的维纳结构填料。

首先，将 2 mmol $ZrCl_4$、2 mmol $BDC-NH_2$ 和 240 mmol 乙酸溶解在 31 mL DMF 中，再将不同量的 GO 分散在 23.3 mL 的去离子水中。将两种溶液转移至三颈烧瓶，并于 120 ℃ 下机械搅拌 15 min。然后，将产物用甲醇和纯水洗涤，然后在真空烘箱中在 60 ℃ 下干燥 12 h。根据 G@M 中 GO 含量的不同，随 GO 含量增加，产物记为 i-G@M-1、i-G@M-2、i-G@M-3。同时，作为对比样，使用 $UiO-66-NH_2$ 通过非原位法合成 G@M（表示为 e-G@M）。其制备方法首先制备 $UiO-66-NH_2$，将 64.4 mmol $ZrCl_4$、64.4 mmol $BDC-NH_2$ 和 7.73 mol 乙酸溶解在 1L N,N-二甲基甲酰胺（N,N-Dimethylformamide，DMF）中，并加入 75 mL 去离子水。将所得溶液在 120 ℃ 油浴中机械搅拌加热 15 min，然后冷却至室温；所得产物用乙醇纯化数次，并在 80 ℃ 真空烘箱中干燥 12 h；再将 200 mg GO 和 2 mmol $UiO-66-NH_2$ 加入到装有 70 mL DMF 的三颈瓶中并加热至 120 ℃ 机械搅拌 2 h；所得产物用甲醇和去离子水洗涤并真空干燥后，得到所需产物 e-G@M。具体合成流程图如图 3-1 所示。不同 G@M 的缩写和具体组分见表 3-2 所列。

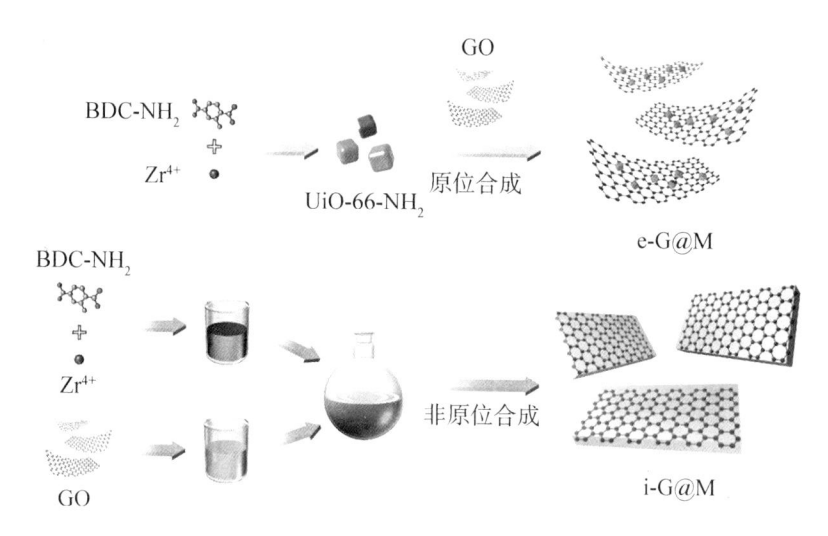

图 3-1　i-G@M 的合成流程图

表 3-2　不同 G@M 样品的名称及样品组成

样品名	样品组成
i-G@M-1	原位生长的 G@M，含有 200 mg GO 及 1 mmol UiO-66-NH$_2$
i-G@M-2	原位生长的 G@M，含有 200 mg GO 及 2 mmol UiO-66-NH$_2$
i-G@M-3	原位生长的 G@M，含有 200 mg GO 及 4 mmol UiO-66-NH$_2$
e-G@M	非原位生长的 G@M，含有 200 mg GO 及 2 mmol UiO-66-NH$_2$

3.2.3.2　BT@ZnPc-GO 的构筑

首先将 2 g CaCl$_2$ 溶解在 200 mL 去离子水中，再将 100 mg BT@ZnPc 纳米粒子加入 CaCl$_2$ 溶液中机械搅拌并超声 30 min。将所得溶液过滤，用去离子水洗涤 3 次以去除多余的 CaCl$_2$，直至向滤液中加入 K$_2$CO$_3$ 的液滴不出现浑浊，再用去离子水洗涤数次。同时，将适量 GO 分散在 10 mL 去离子水中并超声 30 min，然后将 GO 溶液加入到 BT@ZnPc/Ca^{2+} 溶液中，连续搅拌 12 h。将产物过滤后，放置在 80 ℃ 的真空烘箱中干燥 12 h，获得 BT@ZnPc-GO 纳米粒子。通过在制备过程中加入 5 mg 和 10 mg 的 GO 调控出具有不同 GO 负载量的 BT@ZnPc-GO，分别命名为 BT@ZnPc-GO-1 和 BT@ZnPc-GO-2，相应的制备路线示意图 3-2 所示。

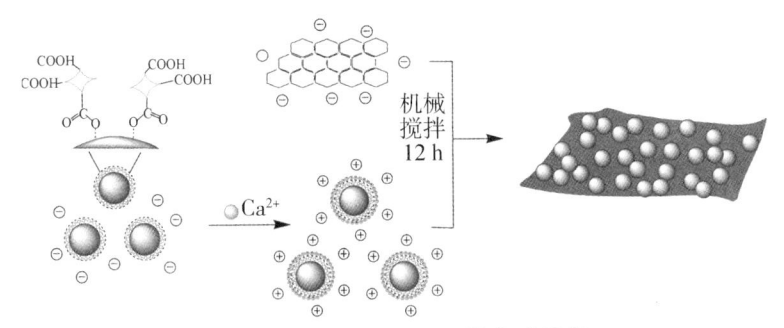

图 3-2　BT@ZnPc/PEN 的合成路线

3.2.4　聚芳醚腈基复合材料的制备

3.2.4.1　聚芳醚腈基体的制备

本章使用的聚芳醚腈基体树脂为无定形聚芳醚腈，与第二章结构完全相同仍标记为 HQ/BP-PEN，具体结构及合成方法与 2.2.4.1 一致。

3.2.4.2　G@M/PEN 复合材料的制备

本书通过溶液流延法制备 G@M/PEN 复合材料薄膜，其中 G@M 含量为 0.5wt%、1wt%、2wt%、3wt%、4wt% 和 6wt%。首先，将一定量的 G@M 和聚芳醚腈的混合物均匀分散在 NMP 溶剂中，在 80 ℃下连续搅拌并超声约 20 min 直至聚合物完全溶解且 G@M 分散均匀。然后，将获得的混合物浇铸在水平玻璃板上并在基于 2.2.4.2 的预设程序下进行溶剂脱除。采用相同的方法制备了 4wt% i-G@M-1、i-G@M-2、i-G@M-3 和 e-G@M 的 G@M/PEN 薄膜。所制备得到的 G@M/PEN 复合薄膜的厚度约为 35 μm。复合薄膜的制备流程图如图 3-3 所示。

图 3-3　G@M 复合薄膜制备流程示意图

3.2.4.3 BT@ZnPc-GO/PEN 复合材料的制备

首先，将一定量的 BT@ZnPc-GO 纳米粒子均匀分散在 NMP 溶剂中机械搅拌并超声 30 min。其次，在 BT@ZnPc-GO 分散液中加入 1 g 聚芳醚腈粉末，在 80 ℃下搅拌大约 20 min，直至聚芳醚腈完全溶解。再次，将获得的混合物浇铸在提前调平完成的水平玻璃板上，并在基于 2.2.4.2 的预设程序下进行溶剂脱除。最后，待玻璃板冷却至室温后，将聚合物薄膜揭下，即成功得到 BT@ZnPc-GO/PEN 纳米复合材料薄膜。

3.3 结果与讨论

3.3.1 G@M/PEN 复合材料的结构与性能研究

由于 GO 富含羟基、羧基和环氧基，可与众多活性基团物质反应或电荷作用，将氨基 MOF 引入至 GO 片层表面，通过控制 GO 的含量，制备了具有不同 MOF 层厚度的 G@M/PEN 复合电介质薄膜，覆盖 GO 纳米片表面的 MOF 与聚芳醚腈具有较好的缠结相容性，减少了 GO 纳米片在聚芳醚腈基体树脂中聚集的现象。

3.3.1.1 G@M 纳米粒子的结构表征

BT@ZnPc 核壳结构的结构与化学组成成分由 FTIR、XRD 和 XPS 进行表征。

图 3-4 展示了 GO、UiO-66-NH$_2$、i-G@M-1、i-G@M-2、i-G@M-3 和 e-G@M 的 XRD 谱图。如图 3-4 所示，所有 G@M 样品均拥有与 UiO-66-NH$_2$ 相同的衍射峰，证明在 GO 片层表面原位生长的 MOF 的晶体结构并未发生改变。

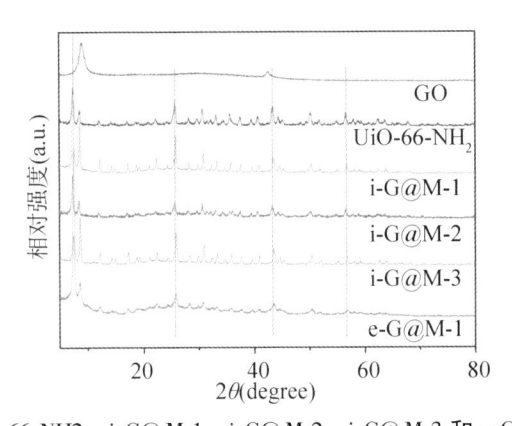

图3-4 GO、UiO-66-NH2、i-G@M-1、i-G@M-2、i-G@M-3 和 e-G@M 的 XRD 谱图

图3-5 为不同 G@M 的红外光谱图，其中 GO 在 3429 cm^{-1} 和 2861 cm^{-1} 处的吸收峰对应其 O—H 及亚甲基的伸缩振动峰，证明 GO 富含含氧基团[178,179]，1625 cm^{-1} 和 1396 cm^{-1} 的峰属于苯环的伸缩振动峰，而 GO 表面的环氧基团则表现于 1219 cm^{-1} 和 1052 cm^{-1} 处的峰。对于 UiO-66-NH$_2$，其于 1652 cm^{-1} 出现的特征峰与 BDC-NH$_2$ 中羧基的 C=O 的拉伸振动有关，表明金属与对苯二甲酸的配位键合[180]。此外，在 1585 cm^{-1} 处可以观察到代表 BDC-NH$_2$ 中 O—C—O 不对称拉伸的典型谱带，1494 cm^{-1} 和 1386 cm^{-1} 处的吸收峰则代表苯环的伸缩振动峰，而 BDC-NH$_2$ 配体中的—OH 和 C—H 振动峰分别位于 771 cm^{-1} 和 659 cm^{-1}[181]。与纯 UiO-66-NH$_2$ 相比，G@M 复合材料中未出现 GO 的特征吸收峰，证明 GO 的羧基与 UiO-66-NH$_2$ 中 Zr 和 BDC-NH$_2$ 配位。

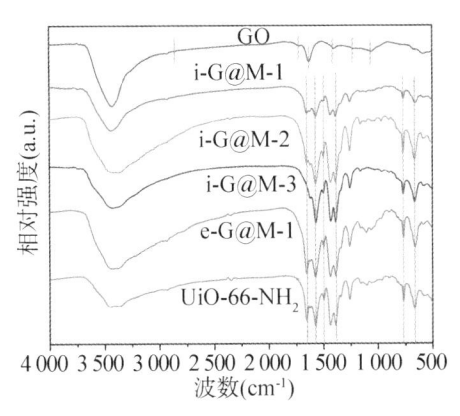

图3-5 GO、UiO-66-NH$_2$、i-G@M-1、i-G@M-2、i-G@M-3 和 e-G@M 的红外光谱图

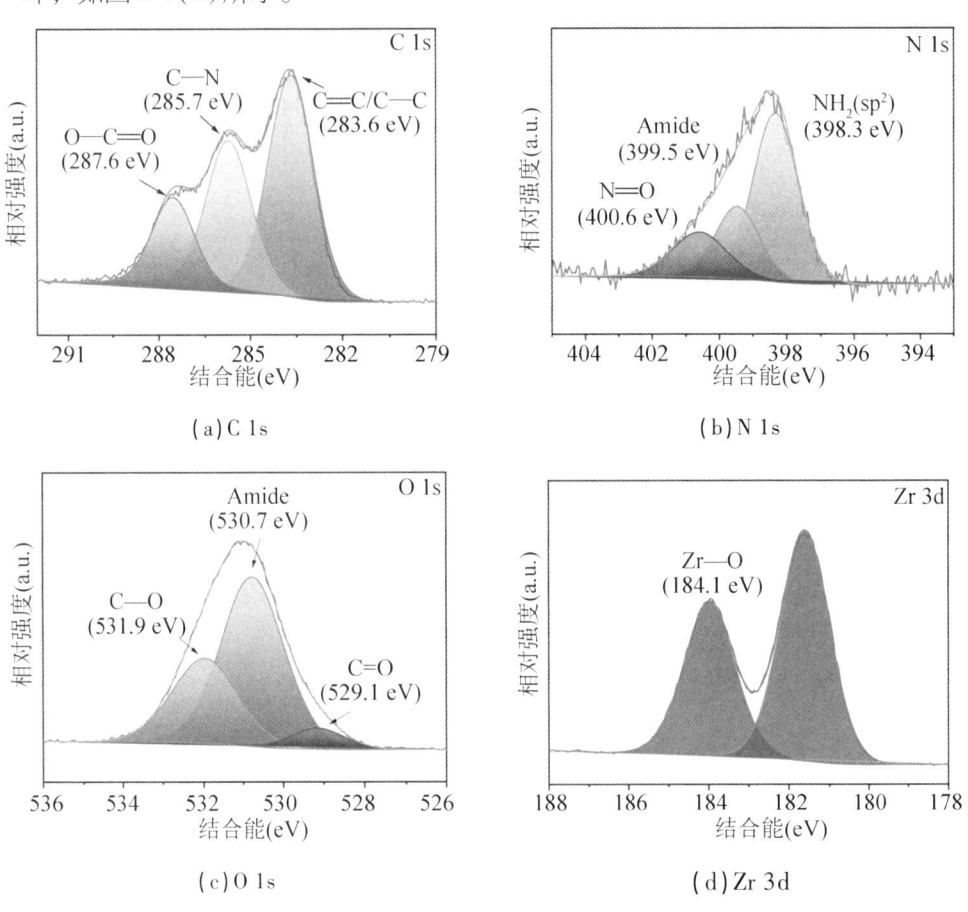

X 射线光电子能谱(XPS)也用于表征 G@M 的组成及结构。图 3-6 为 i-G@M-2 的 XPS 分谱图。分谱图中外缘线为测试数据,其余峰线为拟合后数据线。如图 3-6(a)所示,C 1s 分谱展示出 3 种不同键合状态的峰,而图 3-6(b)N 1s 的 3 个分峰则归因于 MOF 中的胺、酰胺及部分氧化的氮。图 3-6(c)展示了 MOF 的 O 1s 分谱,3 个分峰归因于 GO 上的羧基、MOF 中的羧酸盐 $Zr_6O_4(OH)_4$ 簇上的羟基[182]。此外,Zr 3d 显示出对应于 Zr—O 键的峰,如图 3-6(d)所示。

(a) C 1s

(b) N 1s

(c) O 1s

(d) Zr 3d

图 3-6　i-G@M-2 的 XPS 分谱图

通过 FTIR、XRD 和 XPS 测试表征结果可知,UiO-66-NH$_2$ 成功以原位生长方式包覆在 GO 片层表面,且并未改变 MOF 的晶体结构。

3.3.1.2 G@M 纳米粒子的形貌表征

图 3-7 为 i-G@M-2 的微观形貌图。为确定 G@M 的具体形貌，采用 TEM 对其进行表征。由图 3-7(a)可知，UiO-66-NH$_2$ 以 50 nm 的均匀尺寸生长在了 GO 片层结构表面。图 3-7(b)为 SEM 图，是 i-G@M-2 复合材料的高角度环形暗场(HADDF)图，且从 EDS 映射图像图 3-7(c) ~(f)中可看出 i-G@M-2 中 C、N、O 和 Zr 的均匀分布，证明 UiO-66-NH$_2$ 成功生长在了 GO 片层表面。这一结果说明，该方法可以将零维的纳米粒子通过化学作用以及静电相互作用将二维石墨烯片演变为三维团族结构，成功实现了对二维石墨烯的微纳结构的重新构建与调控。

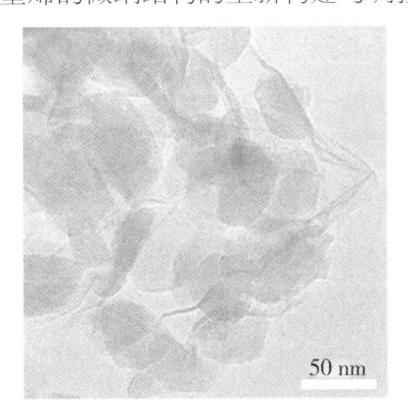

(a) TEM 图像

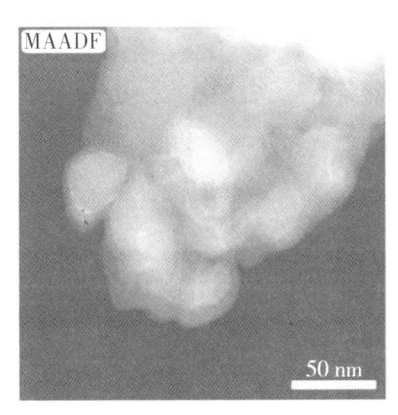

(b) SEM 图像

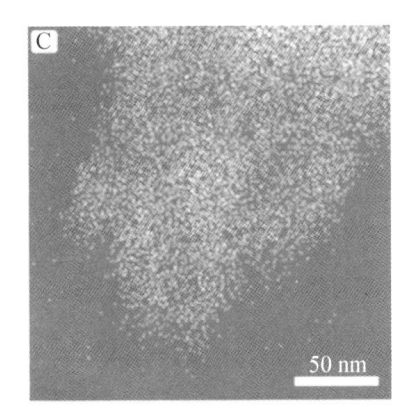

(c) C 的 EDS 映射图像

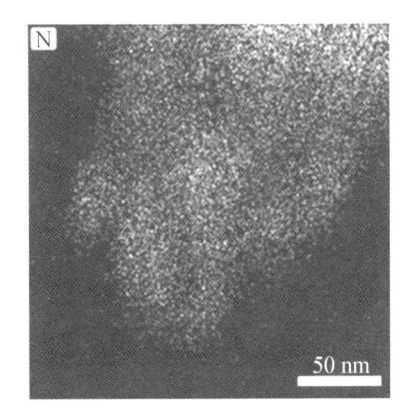

(d) N 的 EDS 映射图像

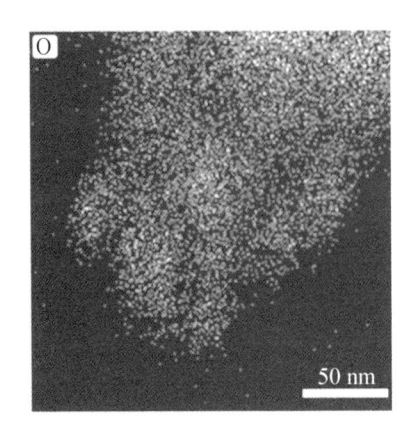

(e) O 的 EDS 映射图像 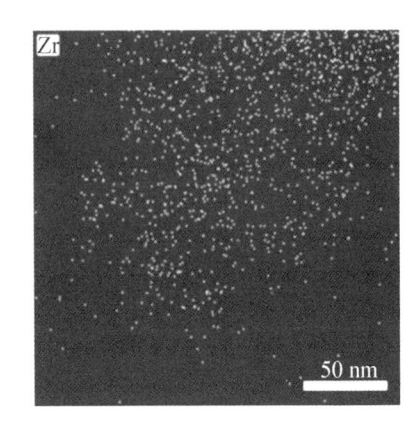　　　　　　(f) Zr 的 EDS 映射图像

图 3-7　i-G@M-2 的微观形貌图

3.3.1.3　不同形态 G@M 复合材料的流变性能

通过在 GO 片层表面原位生长 UiO-66-NH$_2$ 的方式，以解决 GO 在聚芳醚腈基质中易团聚的问题。在复合填料中，填料对高分子松弛行为的影响可通过研究多组分复合聚合物的黏弹性行为获得。为了更好地获得稳定性能的聚芳醚腈纳米复合材料，我们以未改性的 GO、MOF 与 GO 直接共混（e）和原位生长的（i）3 种不同形式的填料的复合材料流变行为进行研究。图 3-8 为 i-G@M-2/PEN-4wt%、e-G@M-2/PEN-4wt% 和 GO/PEN-0.8wt% 三种复合薄膜的 Cole-Cole 模型，其中 0.8wt% 为 i-G@M-2/PEN-4wt%、e-G@M-2/PEN-4wt% 薄膜中 GO 的实际质量分数含量。由图 3-8(a)、(b) 可以看出，i-G@M-2/PEN-4wt% 和 e-G@M/PEN 的 Cole-Cole 曲线在高黏度区域，即扫描频率的低频区域上升较多，且 e-G@M/PEN 的上升趋势更为明显；Cole-Cole 图与半圆形轨迹的偏差表明存在不同的弛豫机制，而聚合物在低频区流变行为主要来自聚合物的长弛豫时间。由图 3-8 可以看出，e-G@M/PEN 曲线尾部明显上升表明聚合物复合体系存在相对更长的弛豫时间，证明 e-G@M 相较于 i-G@M-2 与聚芳醚腈基质的相容性更差。值得注意的是，与图 3-8(c) 中 GO/HQ/PEN 的 Cole-Cole 曲线相比，i-G@M-2/PEN 具有更规则的类似于 GO/PEN 的曲线，证明原位生长 MOF 后，i-G@M-2 与聚芳醚腈基质的相容性略有改善。对于 e-G@M，由于在非原位制备过程中，GO

表面存在 MOF 的团聚体，会降低 e-G@M 与聚芳醚腈基体的相容性。综上所述，采用原位生长的方法所制备的 i-G@M 填料，相较于未经处理的 GO 和非原位生长的 e-G@M，拥有与聚芳醚腈基质更好的相容性，有效改善了 GO 在聚合物基质中的团聚问题。

(a) i-G@M-2/PEN-4wt%

(b) e-G@M-2/PEN-4wt%

(c) GO/PEN-0.8wt%

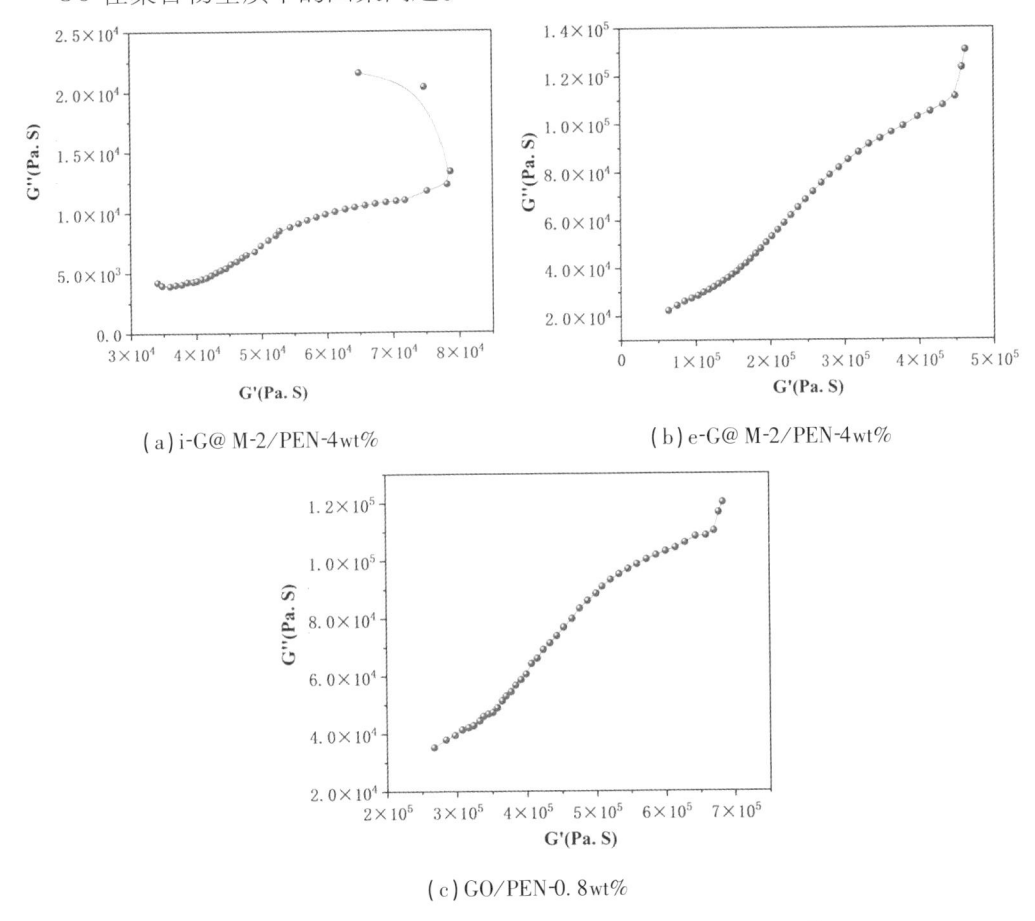

图 3-8　i-G@M-2/PEN-4wt%、e-G@M-2/PEN-4wt% 和 GO/PEN-0.8wt% 三种复合薄膜的 Cole-Cole 模型

3.3.1.4　不同形态 G@M/PEN 复合材料的介电性能

为研究不同 G@M/PEN 复合材料的介电行为，测试了电场频率从 100 Hz 到 1 MHz 下不同 G@M/PEN 复合电介质薄膜的介电常数及损耗。图 3-9(a) 展示了不同形态 G@M/PEN 复合薄膜的介电常数及介电损耗。与 i-G@M-2/PEN 相比，e-G@M-2/PEN 的介电常数更低，可能是由于非原位生长过程

制备的 G@M 中的 UiO-66-NH$_2$ 在溶液流延过程中脱离 GO 导致局部导电网络的形成。随着复合薄膜中 GO 含量的增加，介电常数增加，i-G@M-3/PEN 具有最高的介电常数；同时，由于 i-G@M-3/PEN 中的 GO 临近其逾渗阈值，i-G@M-3/PEN 在电场低频区的介电损耗较大。作为对比样，另制备了含有 0.8wt% GO 的 GO/PEN 薄膜，其中 0.8wt% 为 i-G@M-2/PEN 及 e-G@M-2/PEN 中 GO 的实际含量。从图 3-9（b）可以看出，与未改性的 GO/PEN 相比，i-G@M-2/PEN 的介电常数有所提高，且 MOF 层的引入有效降低了 GO 的界面极化，从而降低了复合材料的介电损耗。以上结果表明，UiO-66-NH$_2$ 的引入可以增强 GO 与聚芳醚腈基体的相容性，从而改善了复合材料薄膜的介电性能。因此，选取介电及流变性能均较好的 i-G@M-2/PEN 进一步研究填料含量对复合材料薄膜性能的影响。

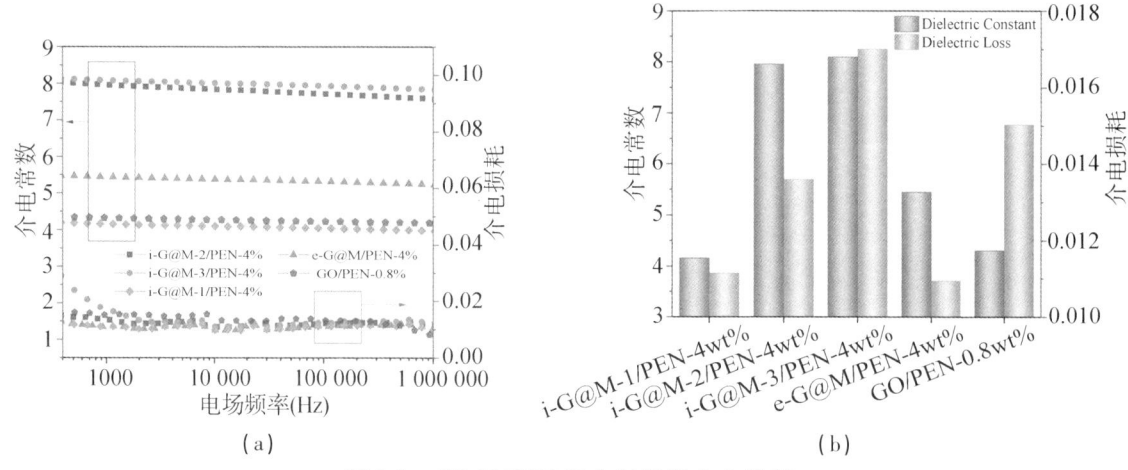

图 3-9 G@M/PEN 复合材料的介电性能

3.3.1.5 i-G@M/PEN 复合材料的热性能

玻璃化转变温度（T_g）是无定形聚合物电介质的一个重要参数，因为在其 T_g 附近，聚合物复合材料的介电常数和损耗会突然增加。图 3-10 显示了 i-G@M-2/PEN 复合材料的 DSC 曲线，随着 i-G@M-2 含量的增加，i-G@M-2/PEN 纳米复合材料的 T_g 逐渐升高。这是由于体系中刚性 i-G@M-2 纳米颗粒阻碍了大分子链的运动。所有复合材料薄膜的 T_g 均在 200 ℃ 左右，表明其具有较好的高温应用前景。这一结果与第二章所获得的核壳结构钛酸钡/聚芳醚腈复合材料相比，基于石墨烯构建的三维结构填料对于阻碍聚合物分子链段运动更加显著，致使复合材料的玻璃化转变温度显著提高。

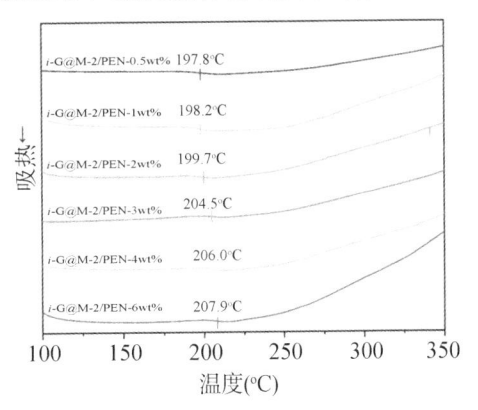

图 3-10　不同填料含量的 i-G@M-2/PEN 复合薄膜的 DSC 曲线

3.3.1.6　i-G@M/PEN 复合材料的力学性能

i-G@M-2/PEN 复合材料和含有 0.8wt% GO 的 GO/PEN 薄膜的机械性能。根据 ISO 527-3：2018《塑料拉伸性能的测定　第 3 部分：薄膜和薄片的测试条件》测定，图 3-11 显示了不同填料含量的 i-G@M-2/PEN 复合薄膜的拉伸强度、拉伸模量和断裂伸长率。由于 PEN 链段具有较好的韧性，向 PEN 基质中引入 i-G@M-2 后，i-G@M-2/PEN 复合薄膜仍表现出优异的机械性能。其中，i-G@M-2/PEN-1wt% 的拉伸模量可达 2 545 MPa，拉伸强度可达 106 MPa；且复合薄膜在不同的填充量下，拉伸强度和模量均大于 60 MPa 和 1 800 MPa。随着复合电介质薄膜中 i-G@M-2 的增加，聚合物的分子链运动受到限制，断裂伸长率从 14.07% 下降到 7.22%，但 i-G@M-2/PEN 的断裂伸长率在 i-G@M-2 负载量为 4wt% 时仍保持 10.87%。与含有 0.8wt% GO 的 GO/PEN 薄膜相比，i-G@M-2/PEN-4wt% 表现出几乎相等的拉伸强度和模量，以及更好的断裂伸长率。这证明随着 UiO-66-NH$_2$ 的引入，PEN 复合材料的力学性能可以得到进一步提升。

(a) 拉伸强度及拉伸模量　　　　　(b) 断裂伸长率

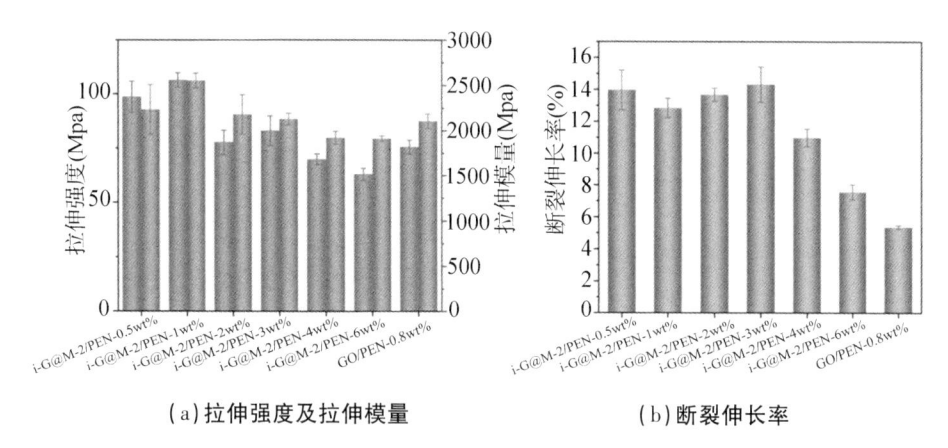

图 3-11　不同填料含量的 i-G@M-2/PEN 复合薄膜的力学性能

3.3.1.7　i-G@M/PEN 复合材料的介电性能

图 3-12 展示了不同填料含量下 i-G@M-2/PEN 复合薄膜随外电场频率变化下的介电常数及介电损耗。所有电介质薄膜都具有较好的频率稳定性，证明聚芳醚腈的近线性介电特质未因为 i-G@M-2 的引入而改变。由于 i-G@M-2 的引入，复合材料的介电常数持续增加，当填料负载量达到 4wt% 时，复合薄膜的介电常数可达 8.02。同时，i-G@M-2 的引入导致复合电介质的介电损耗略有上升。这是因为填料中的 GO 为电介质提供了更多载流子，在外电场下热损耗更大，但复合薄膜的介电损耗仍能保持在 0.018 以下，具有可实际应用的介电性能。

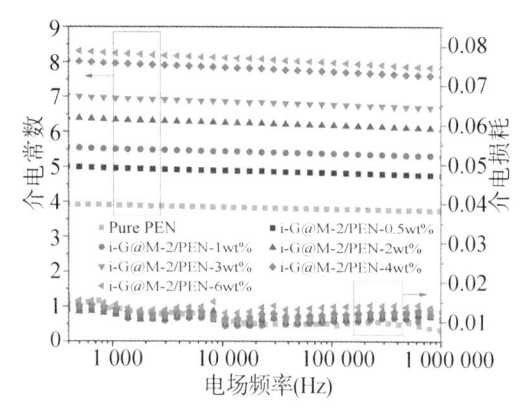

图 3-12　不同填料含量的 i-G@M-2/PEN 复合薄膜的介电性能

聚合物电介质在储能电容器领域的实际应用不仅仅受介电常数影响。作为衡量介电材料的重要性能，电介质薄膜的工作电压及最大储能密度主要由材料的电场击穿强度决定。图3-13(a)展示了i-G@M-2/PEN及GO/PEN复合电介质材料的击穿强度。随着聚合物电介质中GO含量的增加，聚合物基质在外电场作用下形成电树枝的概率增加，击穿强度降低。当复合材料薄膜中i-G@M-2的填充量为4wt%时，击穿强度为154.97 kV/mm；当填充量增加到6wt%时，复合物体系内G@M片层重叠搭接的现象增加，显著增加了基质中载流子通路，导致复合材料的击穿强度急剧下降。由公式(2-4)可计算出电介质的储能密度，结果如图3-13(b)所示。当填充量较小时，由于介电常数的增幅大于击穿强度的降幅，储能密度略有增加；但当填料含量达到6wt%时，储能密度显著下降。此外，与未经改性的GO/PEN相比，i-G@M-2/PEN表现出更高的储能密度，约为GO/PEN的2.07倍。这进一步证明了在外电场作用下，UiO-66-NH$_2$能够抑制GO在基体树脂中引发的电树枝，从而实现复合薄膜储能模量的提升。

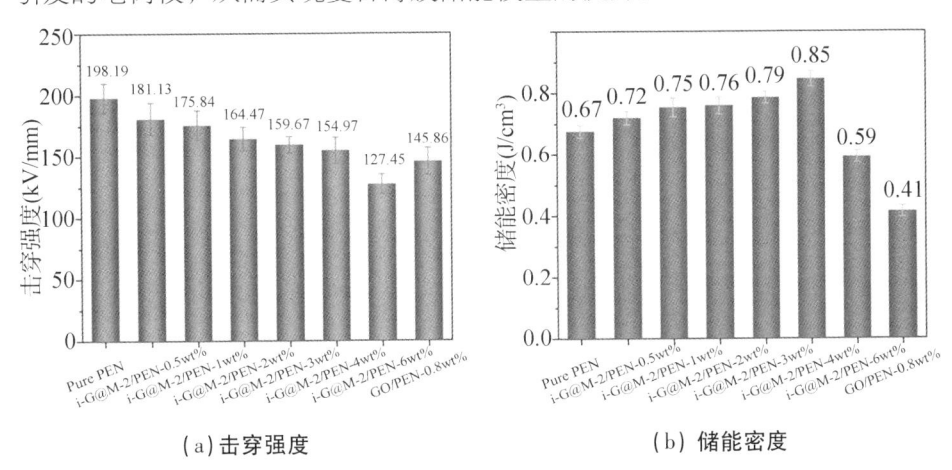

(a) 击穿强度　　　　　　(b) 储能密度

图3-13　不同填料含量的i-G@M-2/PEN复合薄膜的储能性能

综上所述，本节通过UiO-66-NH$_2$原位生长在GO片层表面，制备得到了3种GO含量不同的i-G@M/PEN及非原位生长得到的e-G@M/PEN复合材料。结果发现：(1)从不同G@M/PEN复合材料的流变学性能可知，未经MOF改性的GO由于极易在聚合物基质中团聚，与聚芳醚腈相容性最差。

经 MOF 修饰后，由于非原位过程制备的 G@M 的 GO 片层上存在 MOF 的团聚体，相较而言，原位生长法制备得到的 i-G@M 与聚芳醚腈相容性最佳，有效改善了 GO 在聚芳醚腈基质中的团聚问题。(2)由不同 i-G@M/PEN 复合材料的介电性能可知，随着体系中 G@M 的引入，复合体系的介电常数增加，由于 i-G@M-3 中 GO 的含量临近 GO 的逾渗阈值，其介电损耗较大。与 GO/PEN 相比，i-G@M 中 MOF 层的引入有效降低了 GO 的界面极化，从而具有更低的介电损耗。

以流变及介电性能俱佳的 i-G@M-2 为填料，研究其填料含量变化对复合材料性能的影响，结果发现：(1)从 i-G@M-2/PEN 的热学性能可知，所有复合材料薄膜均拥有 200 ℃ 左右的玻璃化转变温度，且随着体系中 i-G@M-2 填料含量的增加，复合薄膜的玻璃化转变温度上升。(2)从 i-G@M-2/PEN 的力学性能来看，由于 PEN 本身较优秀的韧性，复合材料薄膜在不同的填充量下，拉伸强度和模量均大于 60 MPa 和 1 800 MPa。其中，i-G@M-2/PEN-1wt% 的拉伸模量可达 2 545 MPa，拉伸强度可达 106 MPa，且与 GO/PEN 相比，i-G@M-2/PEN-4wt% 表现出几乎相等的拉伸强度和模量，以及更好的断裂伸长率。这证明随着 UiO-66-NH$_2$ 的引入，PEN 复合材料的力学性能可以得到进一步提升。(3)从具有不同填料含量的 i-G@M-2/PEN 的介电性能来看，当填料负载量达到 4wt% 时，复合薄膜的介电常数可达 8.02，复合薄膜的介电损耗仍能保持在 0.018 以下，具有优良的介电性能。当复合薄膜中 i-G@M-2 的填充量为 4wt% 时，击穿强度为 154.97 kV/mm，与未经改性的 GO/PEN 相比，i-G@M-2/PEN 表现出更高的储能密度，约为 GO/PEN 的 2.07 倍。

3.3.2　BT@ZnPc-GO/PEN 复合材料的结构与性能研究

为了进一步揭示填料结构、形态、组成对聚芳醚腈纳米复合材料结构性能的影响，本书基于第二章所制备的 BT@ZnPc-2 核壳结构，利用静电吸附引入了氧化石墨烯(GO)，通过对制备过程中 GO 含量的调控，制备出 GO

负载量可控的 BT@ZnPc-GO 的三维微纳复合结构；并通过溶液流延法制备得到了 BT@ZnPc-GO/PEN。本节着重研究不同 GO 负载量 BT@ZnPc-GO 粒子及其填充含量对聚芳醚腈结构和性能的影响。

3.3.2.1 BT@ZnPc-GO 复合材料的结构表征

为了表征 BT@ZnPc-GO 的化学结构及组成成分，本书采用了 ZETA 电位、FTIR、XPS 和 XRD 等方法对其进行详细测试。

图 3-14 展示了 GO、BT@ZnPc 和 BT@ZnPc(Ca^+) 的 ZETA 电位图。ZETA 电位为分散液中某一剪切面的电位，与粒子携带的总电荷有关，ZETA 电位的峰值代表分散在溶液后的粒子存在的电荷类型和强度[183]。从图 3-14 中可以看出，GO 在 ZETA 电位为 -17.29 mV 时具有最高光散射，这主要是由于 GO 表面的含氧官能团如—OH、—COOH 等在水等高极性溶剂中的电离，因此 GO 的 ZETA 电位会呈现轻微的负性[183]。此外，由于 BT@ZnPc 核壳结构表面的—COOH 被部分水解，BT@ZnPc 在 ZETA 电位测试中，在电位为 -7.9 mV 时具有最高光散射。当 BT@ZnPc 用 Ca^{2+} 进行表面修饰之后，Ca^{2+} 将会提供带正电的表面。因此，带正电的 BT@ZnPc/Ca^{2+} 粒子与带负电的 GO 纳米片可以通过静电吸附作用结合。

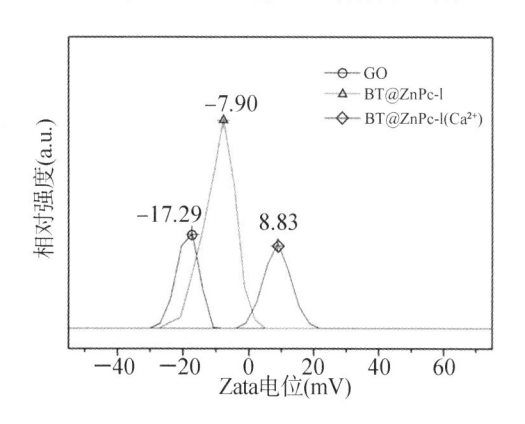

图 3-14　GO、BT@ZnPc 和 BT@ZnPc(Ca^+) 的 ZETA 电位图

此外，所制备的 BT@ZnPc-GO 纳米材料的化学结构通过 FTIR 和 XPS 表征。从图 3-15 可以看出，BT@ZnPc-GO 和 BT@ZnPc 在 562 cm^{-1} 处有相同的强吸收，该吸收峰归属于 Ti—O 振动峰，在 1 005 cm^{-1}、942 cm^{-1} 和

831 cm^{-1}处的三个明显吸收峰属于酞菁的特征吸收峰[184]。所有样品在1 630 cm^{-1}和1 384 cm^{-1}出现的特征吸收峰归属属于羧基，在2 853 cm^{-1}和2 925 cm^{-1}的吸收峰则属于C—H键伸缩振动峰。此外，BT@ZnPc曲线中1 745 cm^{-1}处的吸收峰表明BT@ZnPc中酯键的形成，表明ZnPc-COOH的羧基与BT外围的—OH发生了反应[185]。因此，由FTIR谱可知，以上特征基团吸收峰的出现，表明BT@ZnPc被成功引入到GO表面，及成功制备出BT@ZnPc-GO纳米材料。

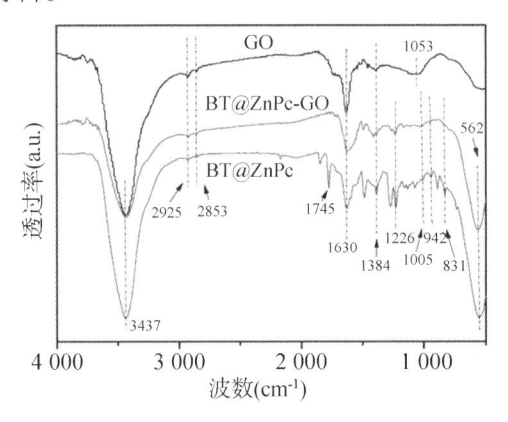

图3-15 GO、BT@ZnPc-GO和BT@ZnPc的FTIR谱图

图3-16显示了制备的BT@ZnPc-GO纳米粒子的XPS光谱。如图3-16(a)所示，从BT@ZnPc-GO的XPS全谱图中可以观察到C 1s、O 1s、N 1s、Ti 2p、Zn 3s和Ba 3d，4d和4p的特征衍射峰，表明BT@ZnPc-GO中BT和ZnPc的存在。此外，从图3-16(b)可知，BT@ZnPc-GO的C1s光谱可以定量为分别位于284.6 eV、285.8 eV、287.3 eV和288.9 eV的四种衍射峰，它们分别归属于酞菁环上的碳碳键（C=C/C—C）、碳氮键（C—N）、碳氧键（C—O）和羧基（O—C=O）[186]。此外，图3-16(c)为BT@ZnPc-GO的O1s光谱，可以分为在530.0 eV出现的钛氧键（Ti—O）、在531.3 eV出现的碳氧双键（C=O）和在532.8 eV出现的碳氧单键（C—O）。分峰图中外缘线为测试数据，拟合数据以内部线条数据区分。综合FTIR和XPS的表征结果证明，BT@ZnPc已通过静电吸附作用成功负载至GO表面。

图 3-16　BT@ZnPc-GO 的 XPS 谱图

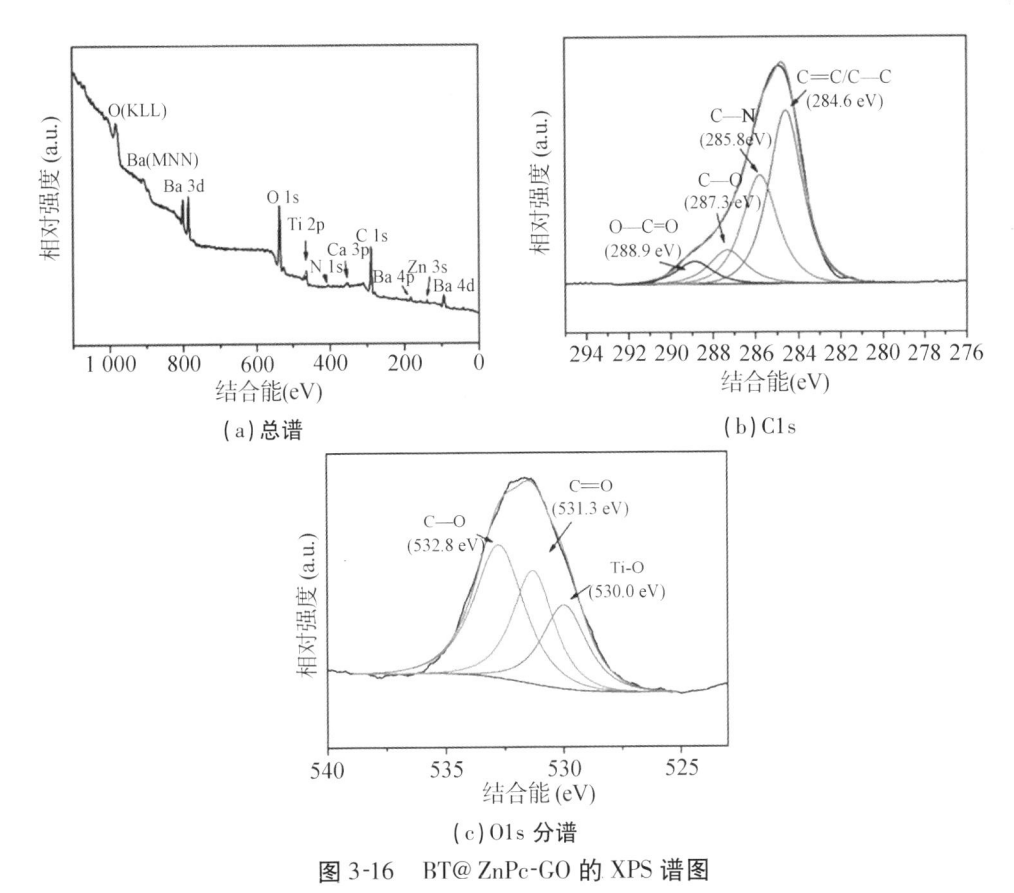

为了进一步表征 BT@ZnPc-GO 的组成成分和晶体结构，GO、ZnPc、BT、BT@ZnPc 和 BT@ZnPc-GO 的 XRD 谱图如图 3-17 所示。从 BT、BT@ZnPc 和 BT@ZnPc-GO 的光谱可以看出，所有 BT 材料均出现在位于 22.2°、31.4°、38.5°、45.2°、50.7°、56.1°、65.6°、74.7°和 79.5°的明显衍射峰，分别对应 BT（001）、（110）、（111）、（002）、（210）、（211）、（001）、（220）、（212）、（103）和（113）晶面，证明 BT 呈立方相晶相。同时，纯 ZnPc 表现出在 10°~40°的晕峰，而从图 3-17 中的 BT@ZnPc 和 BT@ZnPc-GO 的衍射谱中，可以发现它们在 10°~40°处有与 ZnPc 相同的衍射峰，证明了 BT@ZnPc 和 BT@ZnPc-GO 纳米粒子中 ZnPc 的存在。值得一提的是，BT@ZnPc-GO 谱图中出现了与 GO 相同的衍射峰，表明 GO 已成功负载 BT@ZnPc。

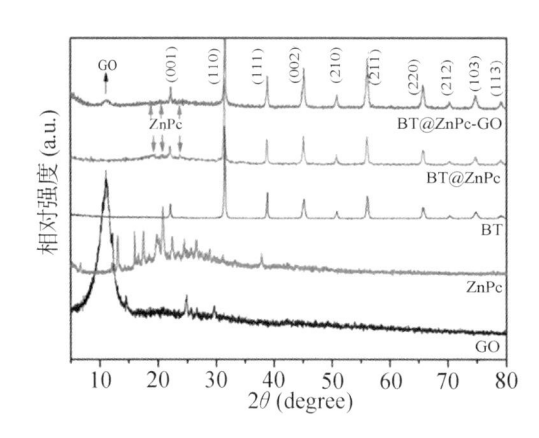

图 3-17　GO、ZnPc、BT、BT@ZnPc 和 BT@ZnPc-GO 的 XRD 谱图

3.3.2.2　BT@ZnPc-GO 复合材料的形貌表征

为了得到 BT@ZnPc 负载量可控的 BT@ZnPc-GO 粒子，本节在制备过程中，通过对 GO 含量的调控，制备出 BT@ZnPc 负载量不同的 BT@ZnPc-GO-1 和 BT@ZnPc-GO-2 粒子。为了探究 BT@ZnPc 负载量不同的 BT@ZnPc-GO 粒子的微观结构，本节工作采用 SEM、TEM 表征进行测试。

首先，通过 SEM 对 BT@ZnPc-GO-1 及 BT@ZnPc-GO-2 粒子进行测试。如图 3-18(a)、(b)所示，对于两种 BT@ZnPc 负载量不同的 BT@ZnPc-GO 粒子，所有的 BT@ZnPc 都紧密地黏附在 GO 片层的表面，表明 GO 和 BT@ZnPc 纳米粒子之间存在较强的静电吸附作用。此外，随着 BT@ZnPc-GO 复合材料中 GO 含量的增加，BT@ZnPc 纳米粒子可附着的平均表面积增加。因此，复合体系中 GO 含量的提升将相对减少 GO 上所负载的 BT@ZnPc 纳米粒子的数量，GO 纳米片上的 BT@ZnPc 纳米粒子得以分散地更均匀。

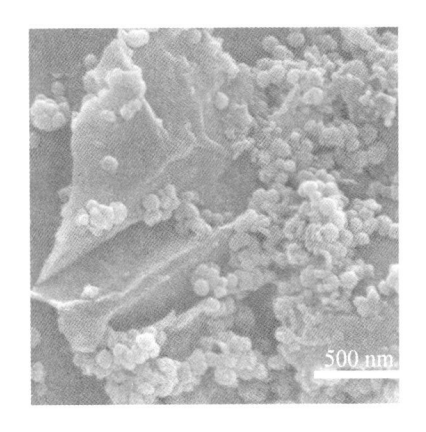

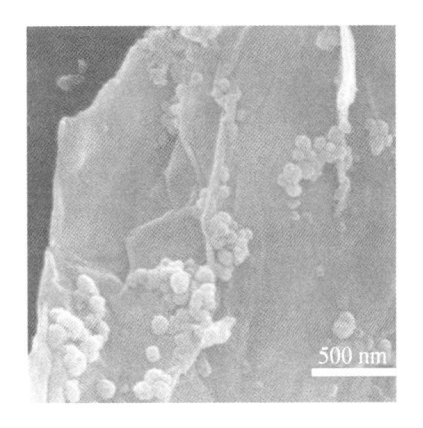

(a) BT@ZnPc-GO-1　　　　　　(b) BT@ZnPc-GO-2

图 3-18　BT@ZnPc-GO-1 及 BT@ZnPc-GO-2 的 SEM 图像

为了进一步研究 BT@ZnPc-GO 纳米颗粒的微观结构和组成成分，本书观察了 BT@ZnPc-GO 纳米颗粒的 TEM 和 EDS 映射图像，如图 3-19 所示。如图 3-19(a) 所示，GO 纳米片被 BT@ZnPc 纳米粒子很好地包覆，BT@ZnPc 致密均匀地沉积在 GO 的两侧，构成类似三明治状的复合结构。从图 3-19(b) 中可以清楚地看出，相较于 BT@ZnPc-1，在 BT@ZnPc-GO-2 中的 BT@ZnPc 在 GO 片层上分布得更均匀。扫描透射电子显微镜暗场图像和 BT@ZnPc-GO-1 中 Ba、Ti、O、Zn、C 和 Ca 的 EDS 映射图像如图 3-19(c)~(i) 所示。可以看出，在 BT@ZnPc-GO-1 中可以清楚地观察到所有来自 BT、ZnPc 和 GO 的元素，表明 BT@ZnPc 纳米粒子已均匀地负载在 GO 表面。同时，钙元素的 EDS 光谱显示钙粒子几乎完全存在于 BT@ZnPc 纳米颗粒的表面，这表明正是钙离子促进了该系统中 BT@ZnPc 纳米颗粒与 GO 纳米片之间的静电吸附。

综上所述，从 BT@ZnPc-GO 的 SEM 及 TEM 表征结果可知，通过引入 Ca^{2+}，成功地将 BT@ZnPc 负载在 GO 片层表面；且随着 BT@ZnPc-GO 复合材料中 GO 含量的增加，BT@ZnPc 纳米粒子可附着的平均表面积增加。因此，复合体系中 GO 含量的提升将相对减少 GO 上所负载的 BT@ZnPc 纳米粒子的数量，GO 纳米片上的 BT@ZnPc 纳米粒子得以分散地更均匀。

(a)

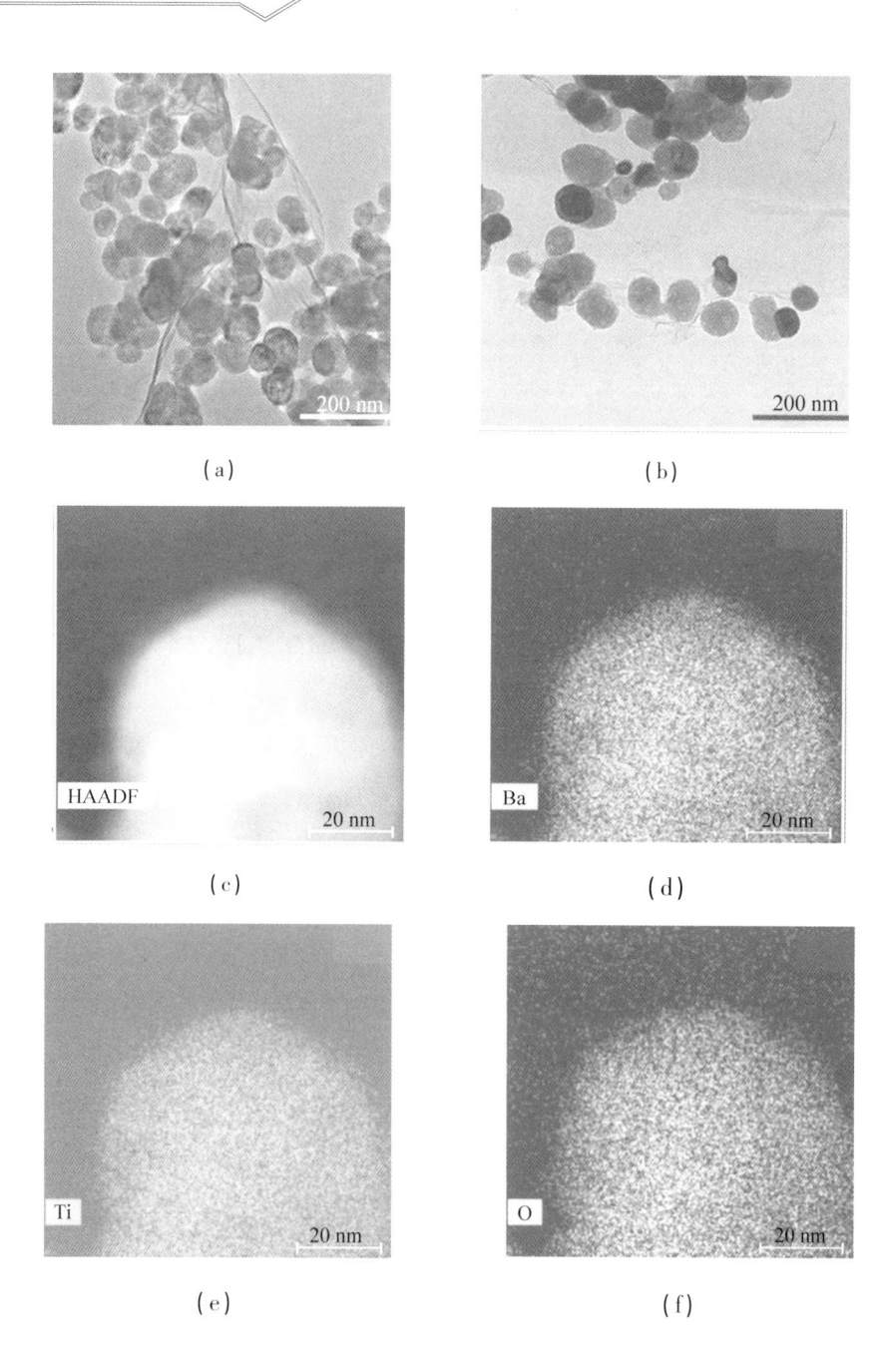

(b)

(c) HAADF 20 nm

(d) Ba 20 nm

(e) Ti 20 nm

(f) O 20 nm

(g)

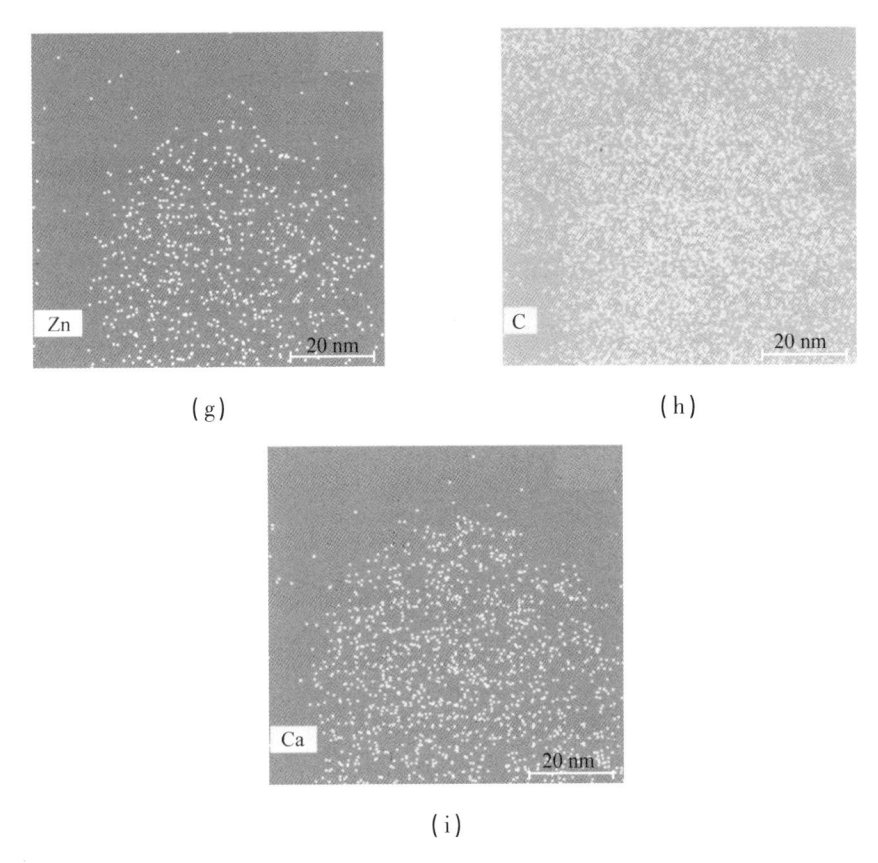

(h)

(i)

图 3-19　BT@ZnPc-GO-1 及 BT@ZnPc-GO-2(b)的微观形貌

3.3.2.3　BT@ZnPc-GO/PEN 复合材料薄膜的热性能

在 BT@ZnPc-GO 纳米粒子成功制备和表征的基础上,利用溶液流延法将两种 BT@ZnPc-GO 纳米粒子引入聚芳醚腈基质中,制备得到 BT@ZnPc-GO/PEN 复合薄膜,并研究了不同填料填充含量下 BT@ZnPc-GO/PEN 复合薄膜的热学性能。

图 3-20 展示了 BT@ZnPc-GO/PEN 纳米复合材料的 DSC 曲线。从图 3-20(b)可知,纯 PEN 的 T_g 约为 170.0 ℃,随着 BT@ZnPc-GO 含量的增加,BT@ZnPc-GO/PEN 纳米复合材料的 T_g 略有升高。这是由于纳米颗粒与 PEN 基体形成牢固的相互作用,从而限制了聚合物分子链的运动,从而提高了纳米复合材料的 T_g[187]。两种 BT@ZnPc 负载量不同的 BT@ZnPc-GO 粒子所构筑的 BT@ZnPc-GO/PEN 复合材料薄膜的 T_g 均为 171.0 ℃ 左右,

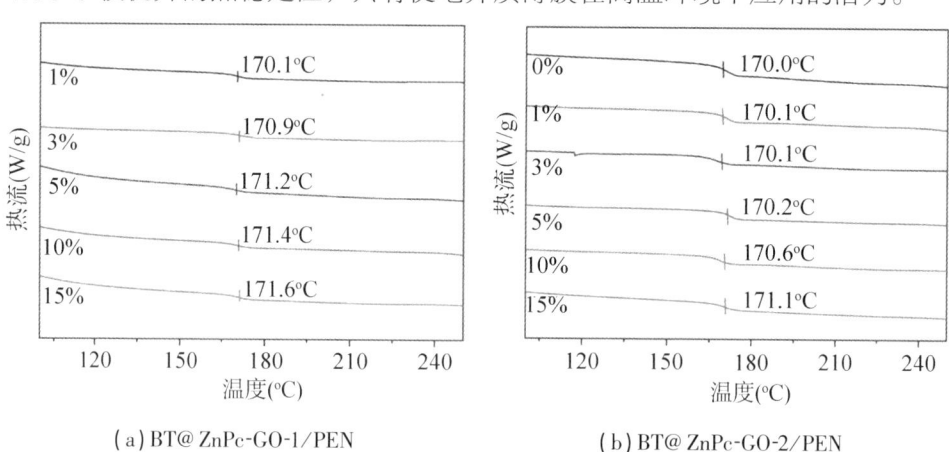

展示了较优异的热稳定性，具有使电介质薄膜在高温环境下应用的潜力。

(a) BT@ZnPc-GO-1/PEN
(b) BT@ZnPc-GO-2/PEN

图 3-20　不同填料含量下 BT@ZnPc-GO-1/PEN
和 BT@ZnPc-GO-2/PEN 复合薄膜的 DSC 曲线

3.3.2.4　BT@ZnPc-GO/PEN 复合材料薄膜的介电性能

为了揭示聚芳醚腈纳米复合材料的组成与性能的关系，我们进一步研究了具有不同 BT@ZnPc-GO 填料含量的 BT@ZnPc-GO/PEN 纳米复合材料在频率 100 Hz ~1 MHz 的介电性能。BT@ZnPc-GO-1/PEN 复合材料的介电常数和损耗如图 3-21 所示。从图 3-21(a) 可知，纳米复合材料的介电常数随着 BT@ZnPc-GO-1 填料含量的增加（1% ~15%）呈现逐渐上升的趋势（在 1 kHz 时为 3.75 ~6.05）。这是由于聚芳醚腈基体中的纳米颗粒可以被视作形成了微电容器网络，随填料含量的增加，微型电容器数量也随之增加，从而使纳米复合材料的介电常数得以提升。此外，当 BT@ZnPc-GO-1 纳米粒子添加到 15wt% 时，纳米复合材料的介电常数达到 6.2，此时 BT@ZnPc-GO-1/PEN 复合体系中 GO 的实际含量仅为 7.5wt%。而由 2.3.1.6 中可知，在 BT@ZnPc-2 添加量高达 30% 时，复合材料的介电常数才达到 6.0。这表明，在引入少量 GO 的情况下复合体系的介电常数即可得到显著提升。这是由于导体和铁电体之间的异质结提高了复合材料的介电常数[188]。

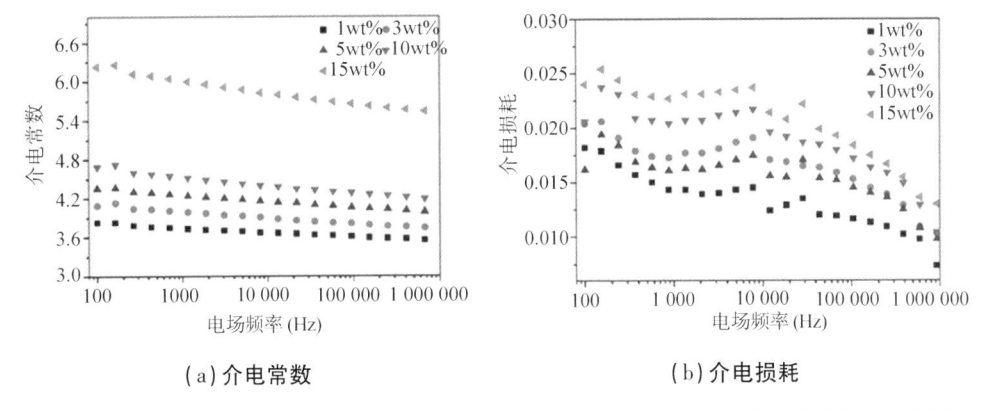

图 3-21 具有 1、3、5、10、15 wt% BT@ZnPc-GO-1 的 PEN 复合材料的介电性能

同时，GO 和 ZnPc 间电导率的不匹配导致越来越多的自由载流子聚集在界面并产生强烈的界面极化，进一步导致介电常数增加。此外，可以观察到所有纳米复合材料的介电常数随着电场频率的升高而略微下降，这是由于电介质的极化弛豫过程导致的[150]。当 BT@ZnPc-GO-1 纳米粒子的含量为 15% 时，介电常数在 100 Hz ~ 1 MHz 的变化率仅为 10.9%，这表明纳米复合材料具有良好的介频稳定性，还表明 BT@ZnPc-GO-1/PEN 纳米复合材料可用作电子元件领域的介电材料。同时，纳米复合材料的介电损耗显示出与介电常数相似的趋势。从图 3-21(b) 可以看出，随着 BT@ZnPc-GO-1 含量从 1% 增加到 15%，介电损耗在 1 kHz 时从 0.018 略微增加到 0.023，这主要是由电导损耗引起的[75]。更重要的是，所有纳米复合材料的介电损耗都很好地控制在了较低的水平(<0.025)，满足了电子元器件的实际应用需求。

如图 3-22(a)所示，与 BT@ZnPc-GO-1/PEN 复合材料薄膜的介电性能相比，BT@ZnPc-GO-2/PEN 复合薄膜的介电常数与 BT@ZnPc-GO-1/PEN 复合薄膜的介电常数变化趋势接近。值得注意的是，在相同的填料含量下，BT@ZnPc-GO-2/PEN 复合薄膜的介电常数略低于 BT@ZnPc-GO-1/PEN，这归因于 PEN 基复合材料体系中 GO 含量的增加。如图 3-22(b)所示，相较于 BT@ZnPc-GO-1/PEN，BT@ZnPc-GO-2/PEN 中由于 GO 的占比更高。当填料含量大于 10wt% 后，由于 GO 的逾渗效应，复合材料的介电损耗在高频下趋于上升。

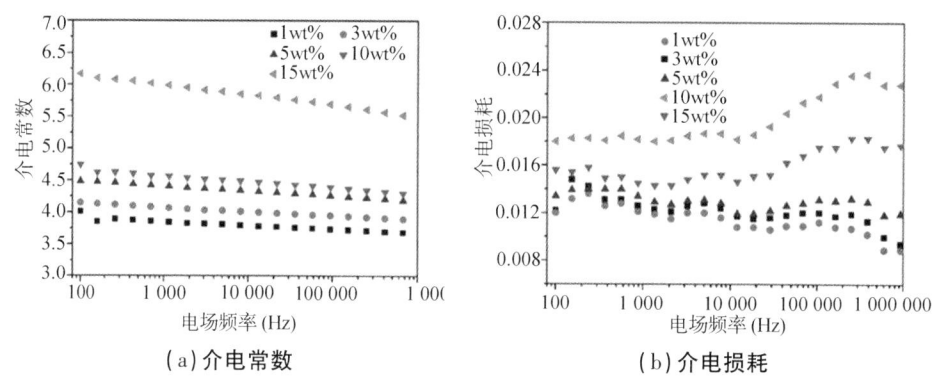

(a) 介电常数　　　　　　　　　(b) 介电损耗

图 3-22　具有 1、3、5、10、15wt% BT@ZnPc-GO-2 的 PEN 复合材料的介电性能

图 3-23(a)展示了含不同填料含量的 BT@ZnPc-GO-1/PEN 复合材料的击穿强度。由第 2 章的图 2-14(a)可知，纯聚合物的击穿强度为 203.72 kV。随着聚合物体系中 BT@ZnPc-GO-1 的引入，BT@ZnPc-GO-1/PEN 复合薄膜的击穿强度呈下降趋势；且随着纳米粒子填充含量的增加，BT@ZnPc-GO-1/PEN 复合材料的击穿强度的下降幅度越来越大。当 BT@ZnPc-GO-1/PEN 填充含量达到 15wt%，复合薄膜的击穿强度为 166.67 kV/mm，较纯聚芳醚腈薄膜下降了 18.2%。BT@ZnPc-GO-1/PEN 复合薄膜击穿强度降低的主要原因：当复合薄膜材料中填料含量增加，聚合物体系中的自由电荷也随之增加，这会在外电场的作用下提高电树枝形成的概率。随着填料进一步增加，复合填料 BT@ZnPc-GO-1 中的 GO 使复合材料中的载流子增加，逐渐形成导电网络，从而增加了在外电场下发生电子击穿的概率，因此其储能密度随着填料含量增加略有下降。可依据介电常数与击穿强度，利用公式(2-4)计算出复合电介质薄膜的储能密度。如图 3-23(b)所示，BT@ZnPc-GO-1/PEN 复合-薄膜由于 GO 组分的存在，击穿强度下降明显，因此储能密度略有下降。然而当填料含量达 30wt% 后，由于介电常数的增加幅度较大，BT@ZnPc-GO-1/PEN 复合薄膜的储能密度回升，达到 0.76 J/cm³。以上结果表明，BT@ZnPc-GO-1 可有效提高聚芳醚腈基体的介电常数和储能密度，彰显了聚芳醚腈纳米复合材料在薄膜电容器领域中的使用潜力。

图 3-23　含不同填料含量的 BT@ZnPc-GO-1/PEN 复合材料的储能性能

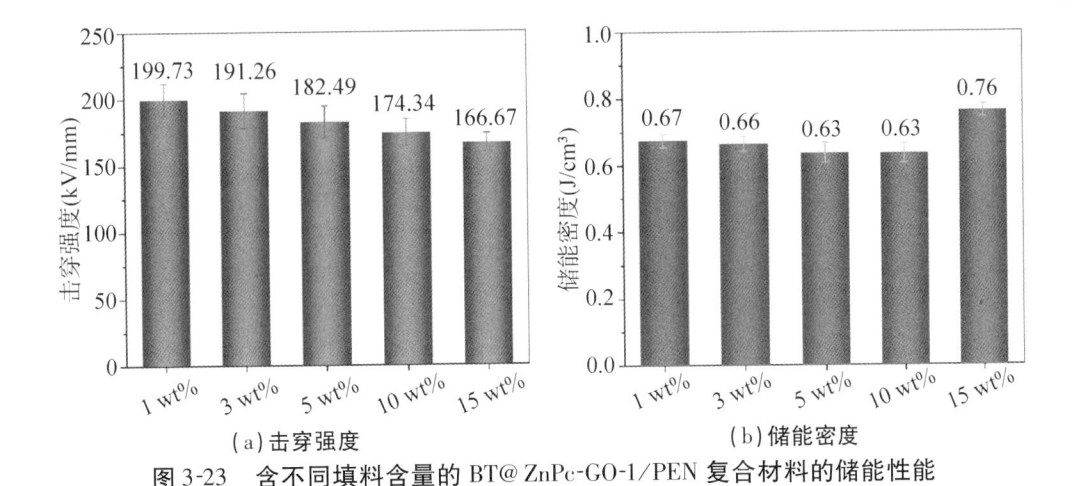

3.3. 本章小结

本章工作以 GO 纳米片为主要填料组分引入至无定形 HQ/BP-PEN 基体中，研究制备了聚芳醚腈基复合材料电介质薄膜。为了提高聚合物基质和 GO 之间的相容性，首先，采用原位及非原位两种方式调控制备得到了几种 GO 含量不同的具有三维维纳结构 i-G@M 及 e-G@M 的填料。经过性能对比研究，调控出具有最佳性能的 i-G@M 粒子作为复合材料体系的研究对象，研究了所得聚合物复合材料的热学、力学及介电性能。随后，为实现导电材料与铁电体协同增强复合材料的性能，通过静电吸附成功将 BT@ZnPc 粒子负载在 GO 表面，通过对 GO 含量的调控，制备出不同 GO 含量的 BT@ZnPc-GO 三维纳米粒子，并与聚芳醚腈复合制备出 BT@ZnPc-GO/PEN 复合材料，详细地研究了聚芳醚腈基复合材料的形态、组成等对性能的影响。获得的主要结论如下：

（1）由 XPS、XRD、FTIR、TEM 和 SEM 等表征测试证明了 i-G@M 和 BT@ZnPc-GO 粒子的成功制备，并且通过 ZETA 电位证实，通过 Ca^{2+} 静电吸附成功构建了具有微纳结构的三维 BT@ZnPc-GO 粒子。

（2）对于 GO 含量不同的 i-G@M、非原位制备的 e-G@M，以及未经改性的 GO，在以 4wt% 填料量下与 PEN 基体复合后，通过流变测试所得 cole-cole 曲线证实，原位生长制备得到的 i-G@M 填料与 PEN 相容性最好。但根据不同 i-G@M/PEN 的介电测试结果分析，i-G@M-3/PEN 介电损耗较大，因此选用 i-G@M-2 进行后续实验，研究填料含量对复合薄膜电介质各性能的影响。

（3）热学性能测试显示，所有 i-G@M-2/PEN 复合薄膜都拥有较高的 T_g（约为 200 ℃），随着刚性粒子的填充量增加而提升，且由 i-G@M-2/PEN 的力学性能可知，i-G@M-2/PEN-1% 的拉伸模量可达 2545 MPa，拉伸强度可达 106 MPa，复合薄膜在不同的填充量下，拉伸强度和模量均大于 60 MPa 和 1800 MPa，具有优良的力学强度。从介电性能上看，随着 i-G@M-2 纳米粒子含量的提升，复合薄膜的介电常数逐步提升，在 4wt% 的含量下，介电常数达到 8.02（1 kHz 下），并且介电损耗仍能保持在 0.018 以下，具有较好的介电性能，储能密度从纯膜的 0.67 J/cm³ 提高到 0.85 J/cm³。i-G@M-2/PEN 复合薄膜良好的介电和热血性能为复合薄膜在高温环境下的应用提供了发展前景。

（4）利用 Ca^{2+} 表面改性，通过对 GO 投入量的调控制得 BT@ZnPc 负载量不同的 BT@ZnPc-GO 粒子，并与 PEN 复合得到 BT@ZnPc-GO-1/PEN 及 BT@ZnPc-GO-2/PEN 复合薄膜后，所有复合薄膜的 T_g 都在 170 ℃ 以上，且随着填料含量的提升略有上升。从介电测试结果上看，随着填料含量的增加，复合薄膜的介电常数和损耗都会有一定程度上的增加。BT@ZnPc-GO-2/PEN 复合薄膜在相同填料含量下由于具有更高的 GO 含量，受 GO 的逾渗特性影响，在填料含量 >10wt% 后，介电损耗将随电场频率增高而提升，限制了其作为电介质的应用，但 BT@ZnPc-GO-1/PEN 复合薄膜仍具有较好的介电性能。值得一提的是，对比 BT@ZnPc-2/PEN 复合薄膜的介电性能，由于 GO 组分的存在，当 BT@ZnPc-GO/PEN 复合薄膜中投料量仅为 15wt% 时，其介电常数（6.2）便高于 BT@ZnPc/PEN 在 30wt% 投料量下的介电常数（6.05），且储能密度也有一定提升。这证明 GO 组分的引入可实现填料的轻量化，且仍能实现较好的热学和介电性能。

第四章

基于钛酸钡纳米粒子的结晶型聚芳醚腈复合材料及其介电性能研究

4.1 引言

根据第二章的研究结果可以得出结论，具有高介电常数和低介电损耗的零维 BT 陶瓷纳米粒子能够有效提高聚芳醚腈基体的介电常数和储能密度等性能，且通过对 BT 进行表面改性，可以降低 BT 无机纳米粒子的表面能，从而克服 BT 在聚芳醚腈基体中的团聚现象，从而避免因填料聚集而导致的性能下降。

对于聚合物基电介质薄膜而言，除了对填充粒子的选择、表面修饰之外，高分子基体的本征性能对复合材料电介质薄膜的性能有巨大影响[189,190]。本书第二章和第三章均采用无定形聚芳醚腈作为聚合物复合电介质薄膜的聚合物基体，相较于无定形高分子，由于其链段中的芳香双酚单体结构扭曲、非共平面，聚合物链段难以形成规整构型，无法实现紧密堆叠。晶体结构对聚合物材料的性能具有重要影响，随着聚合物结晶度的增加，聚合物的分子链段排列更加有序紧密，链间相互作用力增强，从而提高聚合物的力学性能,包括拉伸强度和弹性模量[191,192]。此外,相较于无定形态高分子,对于不结晶或结晶度低的聚合物,其最高使用温度往往为其玻璃化转变温度 T_g;而对于结晶型聚合物,由于聚合物中结晶区的形成,其使用温度上限一般为热变形温度 T_s,$T_s = 1/2(T_m + T_g)$,在其熔融温度 T_m 以下,玻璃化转变温度 T_g 以上。因此,在聚合物基电介质薄膜的复合材料中,采用具有高结晶度的聚合物作为基体,可以有效地提高复合材料的最高使用温度和热稳定性。结晶型聚芳醚腈的结晶度对其光电性能、热学性能、力学性能和介电性能有显著的影响,因此提高聚芳醚腈基体的结晶性能对于复合电介质薄膜各性能的改善极为重要。

本章采用对苯/间苯结晶型聚芳醚腈(HQ/RS-PEN)为聚合物基体,在 BT 表面原位生长聚脲(Polyurea,PUA)有机层以构筑 BT@PUA 核壳结构,以实现 BT 表面极性功能化,并将其引入至 PEN 树脂基体中制备 BT@PUA/PEN 纳米复合材料薄膜,以研究功能化 BT 对聚芳醚腈结晶行为及性能的影响。

4.2 实验部分

4.2.1 实验试剂

本章实验所用化学试剂购入后直接使用,具体试剂见表 4-1 所列。部分未列出的试剂与原料厂家及规格同第二章。

表 4-1　实验试剂信息

试剂名称	简写	纯度	生产厂家
3-氨基丙基三乙氧基硅烷	AMEO	AR	成都赛尔文斯生物科技有限公司
4,4-二氨基二苯醚	ODA	AR	成都市双峰兴业科技有限公司
4,4-二苯基甲烷二异氰酸酯	MDI	AR	成都鼎盛时代科技有限公司
对苯二酚	HQ	AR	苏州兴盛化工试剂厂
N-甲基吡咯烷酮	NMP	AR	成都市科龙化工试剂厂
钛酸钡	BT	AR	阿拉丁试剂(上海)有限公司
过氧化氢	H_2O_2	AR	成都市科龙化工试剂厂
甲苯	—	AR	成都市科龙化工试剂厂

4.2.2　表征仪器及方法

样品的化学结构、微观形貌及各性能分析所用测试方法、所使用仪器及方法同 2.2.2 所述一致。本章用 XPS 对制备得到的 BT@PUA 填料的元素种类、价键组成进行表征，使用 SEM 和 TEM 对填料粒子的微观形貌进行表征，晶体结构采用 XRD 测试；对 PEN 基纳米复合薄膜的热性能采用 DSC 和 TGA 进行表征，复合电介质薄膜的力学性能、介电性能采用万能试验机、同辉数字电桥测试仪进行表征，测试仪器型号和具体测试条件与第二章相同。

4.2.3　核壳结构 BT@PUA 纳米粒子的构筑

BT@PUA 纳米粒子的制备过程如图 4-1 所示。为了获得原位生长聚脲(PUA)有机层的 BT@PUA 纳米粒子，首先对 BT 进行表面羟基化，该步骤与 2.2.3.1BT 的前驱处理方式一致。随后，称取 4 g 的 BT-OH 粒子与 2 g 3-氨基丙基三乙氧基硅烷(AMEO)加入提前加有 200 mL 甲苯的三颈烧瓶中，在 80 ℃下加热回流 24 h，用甲苯清洗 3 次，抽滤后置于 60 ℃的真空烘箱中烘干 8h 得到 BT@NH$_2$ 纳米粒子。称取 4 g BT@NH$_2$、3.4 g 4,4-二氨基二苯醚(ODA)和 4.5 g 4,4-二苯基甲烷二异氰酸酯(MDI)加入 150 g N-甲基吡咯烷酮(NMP)中，在氮气保护下机械搅拌 24 h[193]，所得产物经多次 NMP 及去离子水洗涤后，在 60 ℃ 真空烘箱下干燥 12 h，即得到 BT@PUA 纳米粒子。

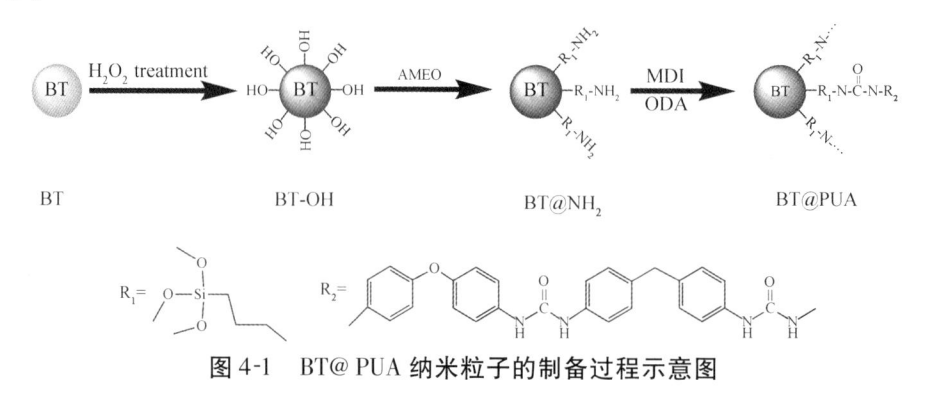

图 4-1　BT@PUA 纳米粒子的制备过程示意图

4.2.4　聚芳醚腈基复合介质薄膜的制备

4.2.4.1　对苯-间苯型聚芳醚腈基体的合成

本章工作使用对苯-间苯型聚芳醚腈作为复合材料薄膜制备的聚合物基体，通过控制链节单体配比和工艺控制，得到具有结晶性的聚芳醚腈[194]。其合成步骤及方法与 2.2.4.1 一致，具体合成原理和过程如图 4-2 所示。

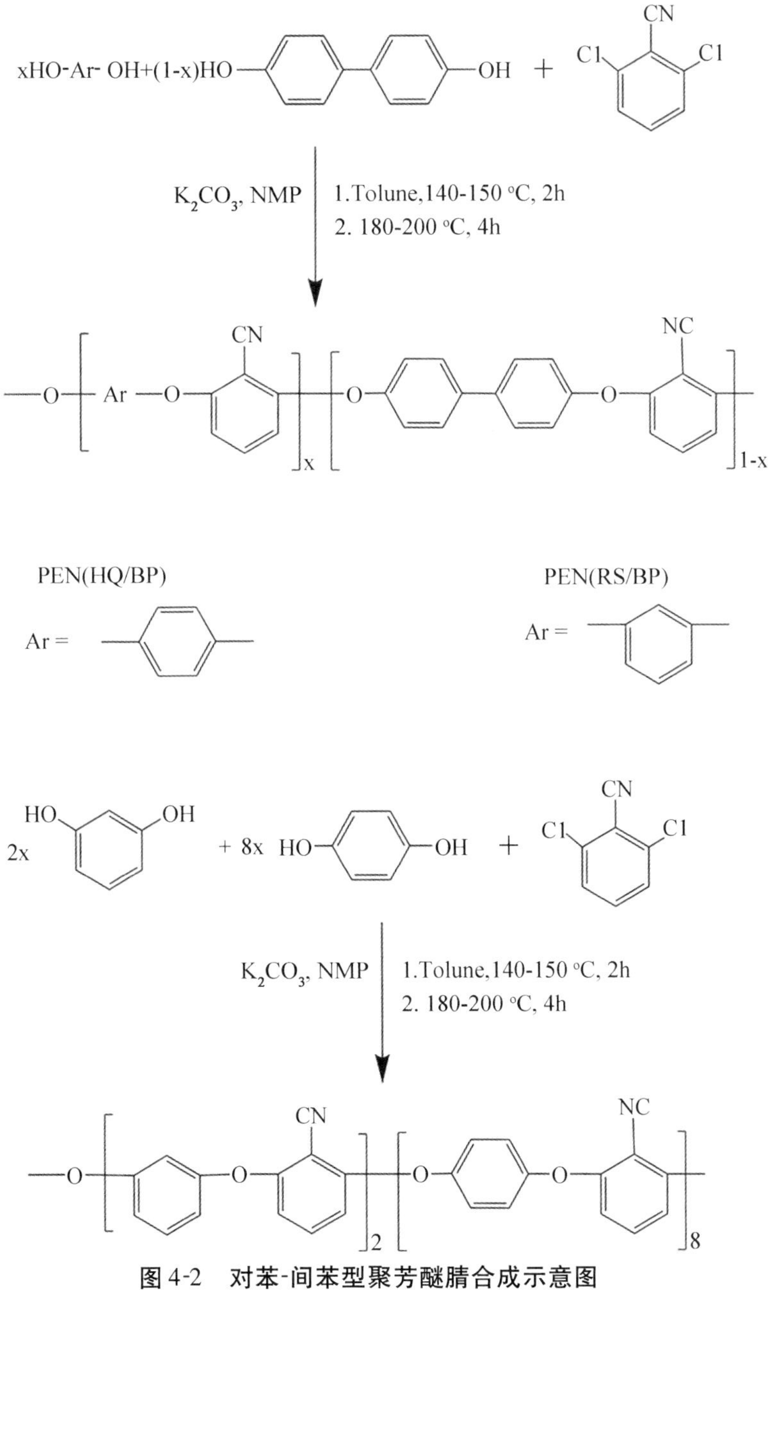

图 4-2 对苯-间苯型聚芳醚腈合成示意图

4.2.4.2 BT@PUA/PEN 复合材料的制备

BT@PUA/PEN 纳米复合薄膜采用溶液流延法制备。具体操作如下：首先，量取 10 mL 的 NMP 溶剂置于 50 mL 的三颈烧瓶中，再称取相应质量的 BT@PUA 加入 NMP 溶剂中，在 80 ℃下机械搅拌并超声 1 h，得到分别具有 0wt%、5wt%、10wt%、15wt% 和 20wt% BT@PUA 的 BT@PUA/PEN 复合材料。随后，将 BT@PUA/PEN 复合材料浇铸在水平玻璃板上，放入烘箱逐步升温以脱除溶剂，升温程序为：80 ℃ 1 h、100 ℃ 1 h、120 ℃ 1 h、160 ℃ 2 h、200 ℃ 2 h。在程序运行完成后，待复合薄膜膜冷却至室温后从玻璃板上揭出，即得到 BT@PUA/PEN 纳米复合膜。用作对比样的 BT/PEN 薄膜通过相同的程序制备得到。所得薄膜在 260 ℃下等温处理 2 h 后得到结晶更完善的复合材料薄膜，干燥保存备用。

4.3 结果与讨论

4.3.1 BT@PUA/PEN 纳米复合材料的结构与性能研究

通过双氧水处理钛酸钡(BT)纳米颗粒，其表面将会被羟基化，有利于与 3-氨基丙基三乙氧基硅烷(AMEO)实现偶联，致使 BT 表面完成氨基功能化，增强与异氰酸酯发生接枝反应，从而得到原位生长的 PUA 有机层，构建 BT@PUA 新型纳米材料；采用溶液混合流延法将 BT@PUA 引入结晶型对苯/间苯型聚芳醚腈基体中制备得到 BT@PUA/PEN 复合材料薄膜；详细地研究 BT@PUA 对聚芳醚腈基体树脂结晶性能，以及不同填充含量对聚芳醚腈复合材料结构与各性能的影响。

4.3.1.1 BT@PUA 纳米颗粒的结构表征

为了验证 BT@PUA 纳米填料的结构，采用 FTIR、XRD 及 XPS 对其化学结构及组成成分进行了详细的表征测试。

图 4-3 展示了 BT 和 BT@PUA 的 FTIR 谱图。从图中可以看出，BT@PUA 在 1 643 cm^{-1} 处出现了羰基的吸收峰，在 1 579 cm^{-1} 处则能观测到属于芳香环的吸收带。此外，在 1 496 cm^{-1} 处出现的吸收峰属于脲基的特征峰，这均属于聚脲的特征峰[195]，证明 BT@PUA 中 PUA 有机层的存在。

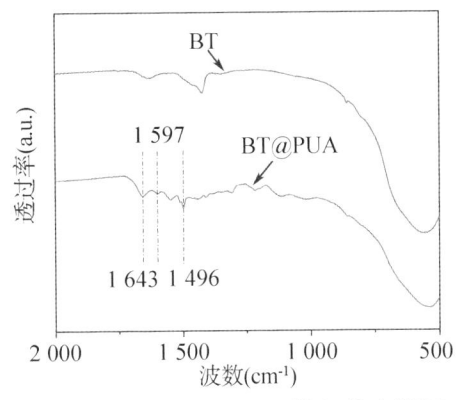

图 4-3 BT 及 BT@PUA 的红外光谱图

为了进一步确定 BT@PUA 的化学组成及价态结构，通过 XPS 对其核壳结构纳米粒子进行表征，结果如图 4-4 所示。从图 4-4(a)中能够看出，在 BT@PUA 的全扫描图谱中可以观测到 Ba 3d、O 1s、Ti 2p、N 1s、C 1s 和 Si 2p 衍射峰，其中 Ba、Ti 和 O 归属于 BT 纳米粒子，Si 则属于 3-氨基丙基三乙氧基硅烷，N 和 O 则是由 MDI 及 ODA 引入。这证明 BT@PUA 有相应组分的存在。BT@PUA 的 N1s 分谱图由图 4-4(b)所示，在 399.8 eV 出现的强衍射峰正是归属于—NH—CO—NH—脲基，进一步证明了 PUA 已成功聚合至 BT 表面。

(a) 全谱

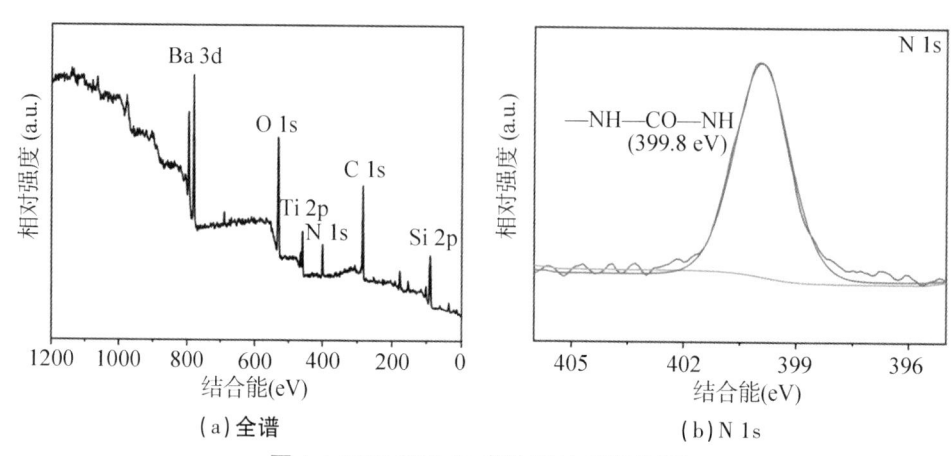

(b) N 1s

图 4-4 BT@PUA 纳米粒子的 XPS 图谱

BT 及 BT@PUA 纳米粒子的晶体结构由 XRD 表征得到，如图 4-5 所示。

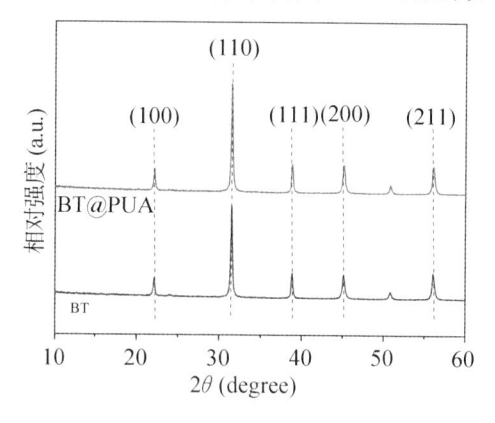

图 4-5 BT@PUA 纳米粒子的 XRD 图谱

BT 在 20.1°、31.4°、38.8°、45.2°和 56.1°处显示的衍射图案，对应于 BT(100)、(110)、(111)、(002)和(211)的晶面，证明 BT 为典型的铁电结构，并且在 BT 表面原位聚合 PUA 有机层后，其晶体结构并未发生改变。因此，综合以上 FTIR、XPS 及 XRD 的测试表征结果可证明，PUA 已成功通过原位聚合的方法生长于 BT 纳米颗粒的表面，完成了表面为聚脲(PUA)有机层的 BT@PUA 纳米核壳结构的构筑。

4.3.1.2 BT@PUA 纳米颗粒的形貌表征

BT@PUA 纳米颗粒的形貌由 TEM 及 EDS mapping 确定，通过 TEM 对 BT@PUA 纳米粒子的微观形貌及 PUA 在 BT 表面的分布情况进行观测，如

图4-6所示。从图4-6(a)中可以看出，BT@PUA 纳米颗粒表面较光滑，且 BT@PUA 的边缘处即 BT 纳米颗粒的表面，被一层致密的聚合物层均匀地包裹，形成了 BT@PUA 核壳结构，从 3.3.2.1 的结构表征可知，BT 外的聚合物层结构为聚脲层。从图4-6(b)可知，BT@PUA 纳米颗粒的平均有机层厚度为 8 nm。图 4-6(c)~(i)展示了 BT@PUA 的 EDS 扫描图，从图中的微球中可以观察到 Ba、C、O、Ti、N 元素，与图 4-4 的 XPS 测试结果一致，进一步证明了核壳结构中 BT 和 PUA 的存在。此外，来自 PUA 的 C、N 的分布比来自 BT 的 Ba 和 Ti 的分布更宽，表明 PUA 确实包裹在 BT 的外围，从而形成了 BT@PUA 核壳结构。

因此，结合对 BT@PUA 纳米颗粒的形貌及结构表征，可以证明 PUA 已通过原位生长的方法聚合在了 BT 纳米粒子表面，成功构筑了 BT@PUA 核壳结构粒子。

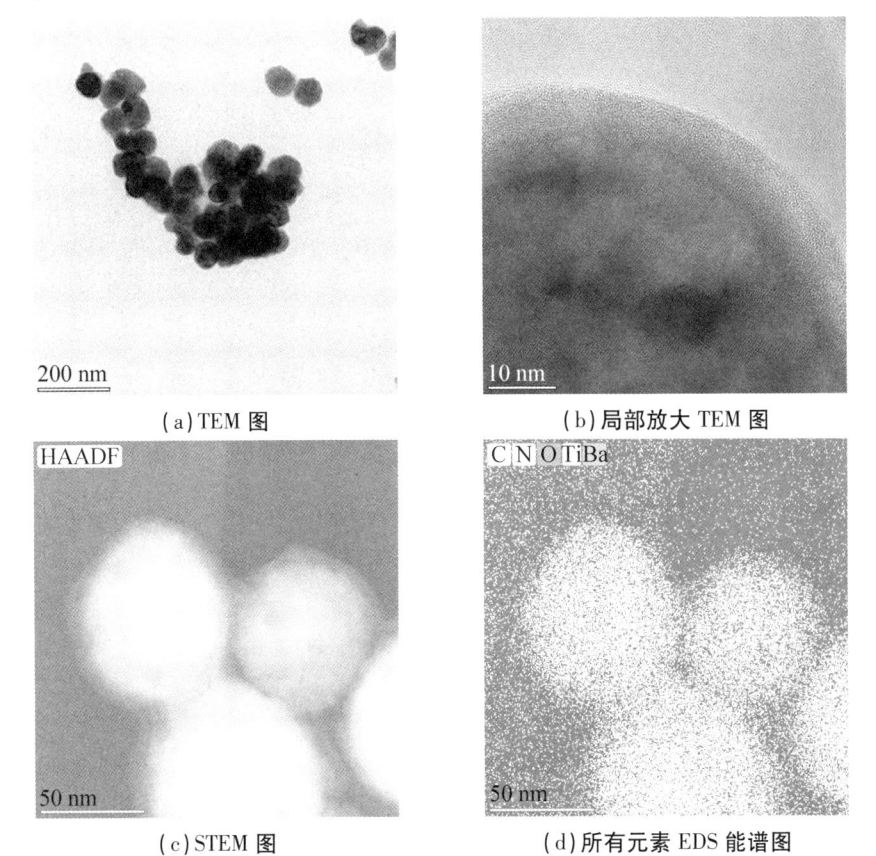

(a) TEM 图

(b) 局部放大 TEM 图

(c) STEM 图

(d) 所有元素 EDS 能谱图

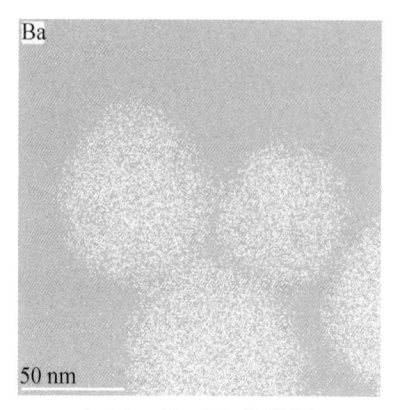

(e) Ba 的 EDS 能谱图

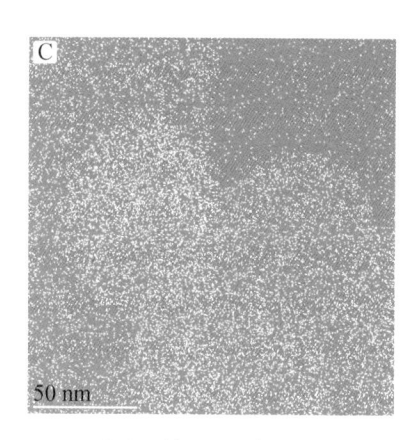

(f) C 的 EDS 能谱图

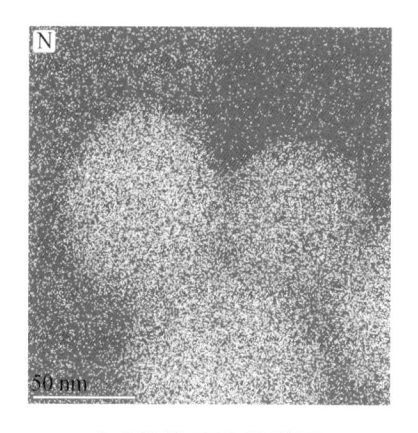

(g) N 的 EDS 能谱图

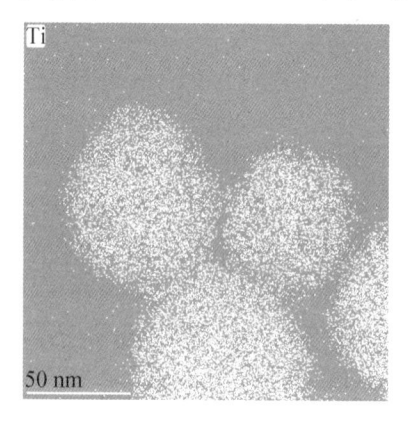

(h) O 的 EDS 能谱图

(i) Ti 的 EDS 能谱图

图 4-6 BT@PUA 的微观形貌

4.3.1.3　BT@PUA/PEN 复合材料的结晶行为

在确定 PUA 已原位聚合在 BT 纳米颗粒表面后，通过溶液流延法将 BT@PUA 引入至 PEN 基体中，通过对 BT@PUA 在 PEN 基质中含量的调控，制备出具有不同 BT@PUA 含量的 BT@PUA/PEN 复合材料电介质薄膜。为了研究 PUA 有机壳层对复合聚合物电介质薄膜结晶行为的影响，本节工作主要通过结晶性聚芳醚腈复合材料的 DSC 冷结晶行为，对纯 BT 纳米颗粒及 PUA 原位改性后的 BT@PUA 核壳结构填料在结晶性聚芳醚腈中的成核能力进行了研究。高分子冷结晶对应高分子从 T_g 以下逐渐升温至 T_g 之上而出现的结晶过程，通过对非等温结晶动力学的研究，可以知晓 BT@PUA 对 PEN 的、晶体生长维数、结晶速率和活化能的影响。阿弗拉米(Avrami)通过过冷熔体本体结晶的球状对称生长理论，提出了式(4-1)以描述高分子的结晶过程[196-198]：

$$1 - X_t = \exp(-K_t t^n) \tag{4-1}$$

可将式(4-1)简化为双对数形式，以便数据分析：

$$\ln[-\ln(1 - X_t)] = \ln K_t + n\ln t \tag{4-2}$$

其中，K_t 是结晶速率常数，取决于聚合物结晶时的成核和增长率；Avrami 指数 n 的实际值通常为非整数，n 值取决于晶体的成核和生长的几何维数数值，通常介于 1~4。此外，K_t 可以通过式(4-2)进一步修正，β 代表冷却速率或加热速率。

$$\ln K_c = \frac{\ln K_t}{\beta} \tag{4-3}$$

其中，X_t 代表相对结晶度，可以定义为式 (4-4)。其中，T_0 和 T_∞ 分别代表结晶开始和结晶结束的温度，T 代表进行到 t 时刻的结晶温度。通过 DSC 曲线分别对 t 时刻时结晶累积产生的热焓和整个结晶过程中累积产生的热焓进行积分，从而分别得到等式(4-4)右方的分子与分母[31]。

$$X_t = \frac{\int_{T_0}^{T} \frac{\partial H_c}{\partial T} dt}{\int_{T_0}^{T_\infty} \frac{\partial H_c}{\partial T} dt} \tag{4-4}$$

通过 Avrami 非等温结晶方程计算后，相应的结晶参数列于表 4-2。

表 4-2　聚芳醚腈、BT/PEN 及 BT@PUA/PEN 复合薄膜非等温结晶动力学参数

样品名	β	n	$\ln K_t$	$\ln K_c$	K_c	$T_p/℃$	$E_a/(kJ \cdot mol^{-1})$
PEN	5	3.17	-4.89	-0.978	0.38	261.6	173.61
	10	2.91	-2.71	-0.271	0.76	266.8	
	15	2.95	-2.07	-0.138	0.87	2768	
	20	2.78	-0.86	-0.043	0.96	284.0	
BT/PEN	5	2.99	-4.14	-0.828	0.44	268.5	285.26
	10	2.33	-1.69	-0.169	0.85	271.2	
	15	2.32	-0.89	-0.059	0.94	275.5	
	20	2.15	-0.11	-0.005	0.99	279.6	
BT@PUA/PEN	5	2.36	-4.04	-0.808	0.45	259.8	161.95
	10	2.46	-2.48	-0.248	0.78	264.0	
	15	2.29	-1.33	-0.089	0.92	272.2	
	20	2.39	-0.68	-0.034	0.97	278.3	

图 4-7(a)~(c) 展示了不同升温速率下(5 ℃/min、10 ℃/min、15 ℃/min 和 20 ℃/min)纯膜、含 5wt% 填料含量的 BT 和 BT@PUA/聚芳醚腈复合材料的 DSC 冷结晶温度变化曲线图。从图中可以看出，纯膜、含 5wt% 填料含量的 BT 和 BT@PUA/PEN 均存在冷结晶放热峰，且随着升温速率的提高，3 种 PEN 的冷结晶温度(T_p)都得到了提高，且冷结晶峰变宽。升温速率的变化会影响高分子链段的运动情况，进而影响高分子的冷结晶温度。随着升温速率的增加，高分子链段需要在更高的温度下才能砌入晶格中，因此冷结晶的温度会随升温速率的增加而升高[105]。此外，随着升温速率的提升，由于聚合物链段无法在短时间内有序排列，而高分子链段是否有序排列影响着高分子的冷结晶温度，因此 PEN 的晶体完善程度会随着升温速率的提升而降低，使冷结晶峰变宽。此外，从图 4-7 中可观察到，无论在何种升温速率下，BT/PEN 的冷结晶温度都高于 BT@PUA/PEN 和纯聚芳醚腈，如在 10 ℃/min 的升温速率下，BT/PEN 的冷结晶温度为 271.2 ℃，BT

@PUA/PEN 的冷结晶温度为 264 ℃，而纯聚芳醚腈的冷结晶温度为 266.8 ℃。这说明说明未经 PUA 改性的 BT 直接复合在聚芳醚腈后由于 BT 纳米粒子的团聚，降低了聚芳醚腈复合薄膜的结晶性能；而在同样温度下，BT@PUA/PEN 的冷结晶温度低于聚芳醚腈薄膜的冷结晶温度。这说明当 BT 经 PUA 表面改性后，有效降低了 BT 纳米粒子的团聚，均匀地分散在聚合物基质中，促进了聚芳醚腈的冷结晶行为。

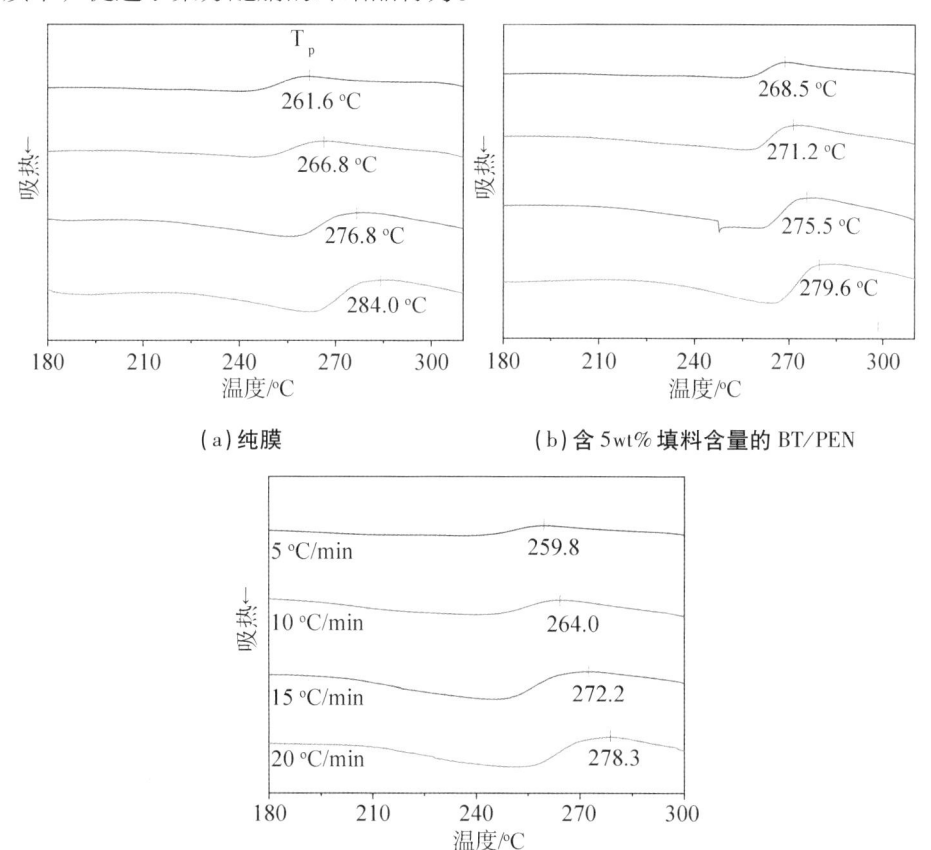

(a) 纯膜

(b) 含 5wt% 填料含量的 BT/PEN

(c) 含 5wt% 填料含量的 BT@PUA/聚芳醚腈复合材料

图 4-7　不同升温速率下不同材料的 DSC 曲线图

通过 Avrami 相对结晶度方程的拟合，得到了不同 DSC 升温速率下，各聚芳醚腈复合薄膜相对结晶度随结晶时间的变化趋势图，如图 4-8 所示。所有聚芳醚腈复合薄膜的相对结晶度曲线均呈现"S"形，可将"S"形曲线分为三个阶段：曲线前端代表聚合物结晶的成核阶段；曲线中部呈现线性增长，代表聚合物晶体的生长阶段；曲线末端呈现非线性增长，代表聚合物晶体的完善阶段，包括高分子晶体的二次结晶过程等[199]。聚合物的半结晶时间是评价聚合物结晶速率的关键参数之一。从图 4-8 可以看出，纯聚芳醚腈、BT/PEN 和 BT@PUA/PEN 的半结晶时间均随升温速率的提高而降低。

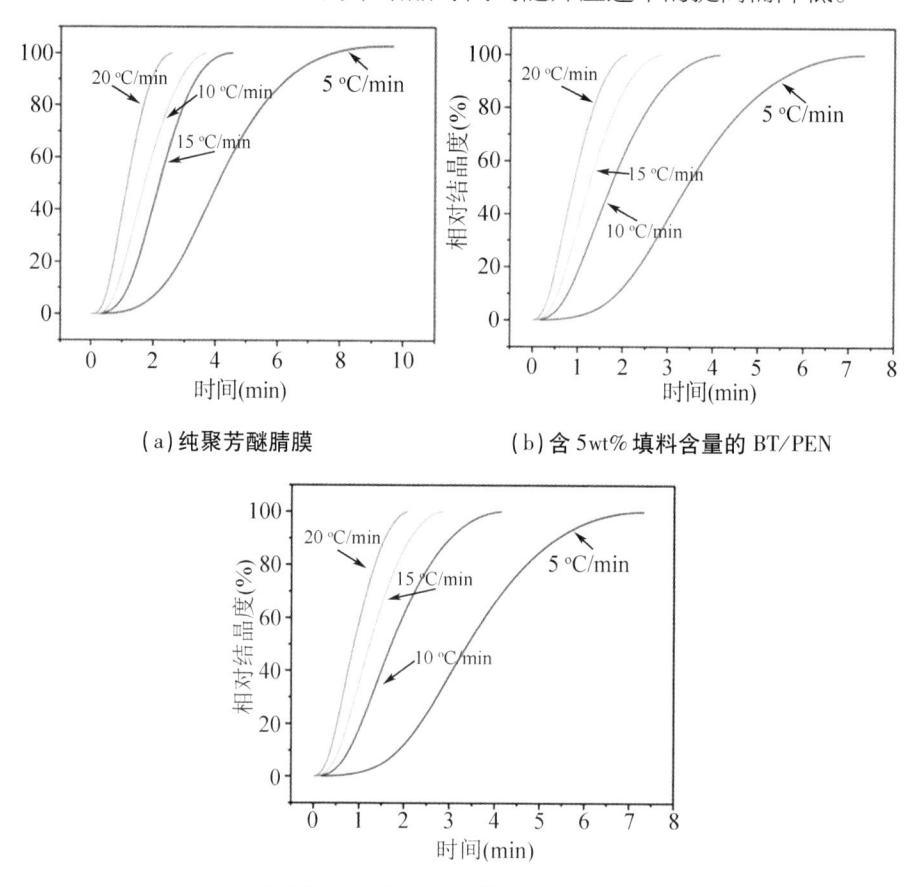

（a）纯聚芳醚腈膜

（b）含 5wt% 填料含量的 BT/PEN

（c）含 5wt% 填料含量的 BT@PUA/PEN

图 4-8　不同升温速率下复合薄膜的相对结晶度

将小泽优化后的 Avrami 方程式带入，以 $\ln[-\ln(1-X_t)]$ 为横坐标、$\ln t$ 为纵坐标作图，并对相应数据进行线性拟合得到图 4-9，其中拟合直线的斜率代表 Avrami 指数 n，截距代表 $\ln K_t$。图 4-9 经拟合截距 $\ln K_t$ 及式(4-4)，可计算出结晶速率常数 K_c，不同升温速率下的 Avrami 指数 n、$\ln K_t$ 和结晶速

率常数 K_c 列于表 3-2 中。

从拟合得到的数据中可以看出，PEN 的 Avrami 指数 n 在 5 ℃/min 的升温速率下大于 3，说明此时 PEN 的晶体生长模式主要是三维球晶生长，当升温速率提高后，Avrami 指数则下降为 2~3；且 BT/PEN 和 BT@PUA/PEN 在各升温速率下，Avrami 指数均在 2~3，说明其晶体生长方式主要为二维生长。由于聚合物链段运动较为困难，因此晶体主要生长为片晶，且只有部分片晶会折叠形成球晶[200]。随着升温速率的提高，聚芳醚腈、BT/PEN 及 BT@PUA/PEN 的结晶速率都得到提升，但 3 种聚芳醚腈复合薄膜的结晶速率差距不大。这主要是由于 PEN 本身的结晶能力较弱，当升温速率较快时，聚合物的分子链段的运动及链段重排不明显[201]。

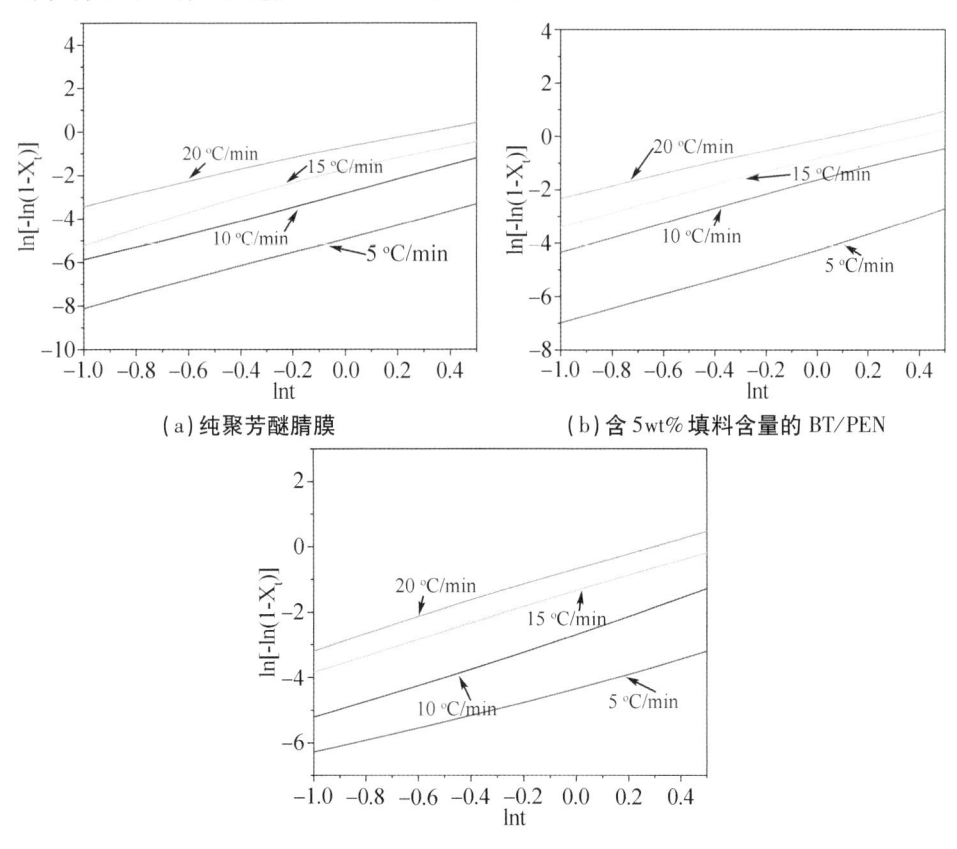

(a) 纯聚芳醚腈膜

(b) 含 5wt% 填料含量的 BT/PEN

(c) 含 5wt% 填料含量的 BT@PUA/PEN

图 4-9 不同升温速率下不同复合材料的 $\ln[-\ln(1-X_t)]$ vs $\ln t$ 图

此外，聚合物的结晶活化能(E_a)可通过 Kissinger 法计算。聚芳醚腈复合电介质薄膜的结晶活化能数据列于表 4-2 中。从活化能数据中可看出，纯聚芳醚腈薄膜的结晶活化能为 173.61 kJ/mol，当向聚芳醚腈基质中引入 BT 粒子后，BT 作为成核剂提升了聚合物异相成核的能力，因此聚芳醚腈复合材料的活化能得到些许提高，达到 285.26 kJ/mol。

图 4-10 展示了聚芳醚腈、BT/PEN 及 BT@PUA/PEN 的结晶活化能拟合图，从活化能数据中可看出，纯聚芳醚腈的结晶活化能为 173.61 kJ/mol，当向聚芳醚腈基质中引入 BT 粒子后，聚芳醚腈复合材料的活化能得到些许提高，达到 285.26 kJ/mol。然而，当向 PEN 中引入 PUA 改性后的 BT 纳米粒子后，由于 BT@PUA 分散相较于 BT 更均匀，为聚芳醚腈提供了大量的成核表面，且 PUA 相较于 BT 纳米颗粒和聚芳醚腈基质有更好的界面相容性和极性相互作用，从而降低了聚芳醚腈聚合物晶体形成过程中的折叠表面能及活化能[202]，此时聚芳醚腈更易结晶，活化能降低至 161.93 kJ/mol。

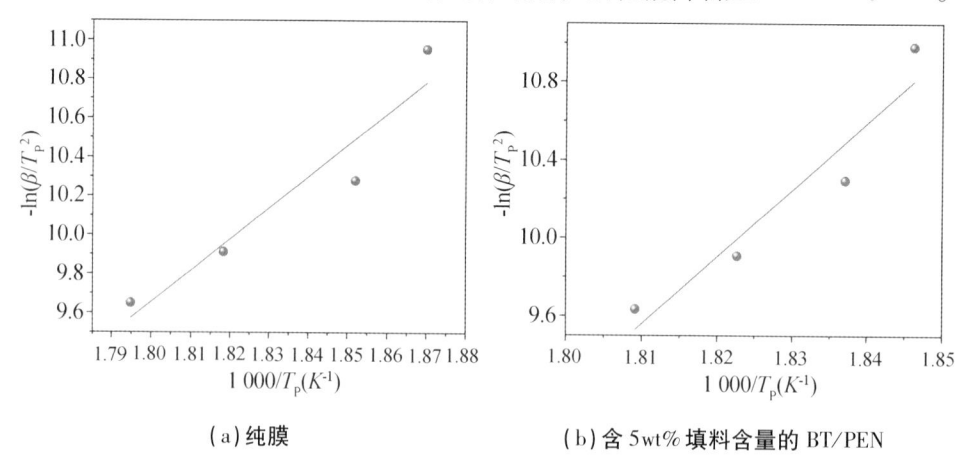

(a) 纯膜

(b) 含 5wt% 填料含量的 BT/PEN

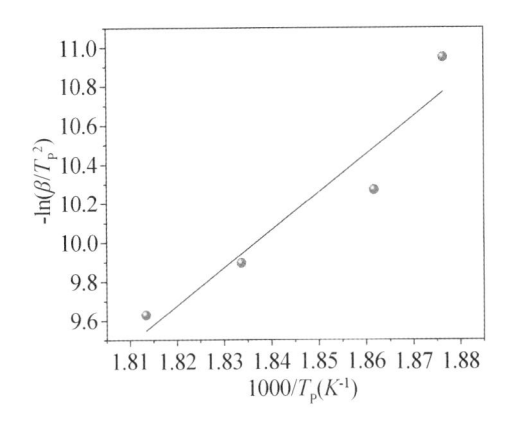

(c) 含 5wt% 填料含量的 BT@PUA/PEN

图 4-10 不同升温速率下不同复合材料的结晶活化能图

从上述结晶动力学数据可知，经 PUA 改性后的 BT 可视为成核剂，以改善聚芳醚腈的结晶能力。为了进一步研究功能化 BT 的含量变化对聚芳醚腈基质结晶行为的影响，本节工作向 PEN 中引入不同含量（0wt%、5wt%、10wt%、15wt%、20wt%）的 BT@PUA，并经过 260 ℃等温结晶 2 h 使其结晶更完善。

图 4-11 为等温结晶处理后各聚芳醚腈复合薄膜的 DSC 曲线，经计算后各 PEN 复合材料的熔融焓列于表 4-3 中。从图 4-11 的 DSC 冷结晶曲线中可知，在 260 ℃下等温结晶 2 h 后，各个 PEN 薄膜均出现明显的熔融峰。纯膜及掺入未经改性的 BT 后的 BT/PEN 的熔融峰为单峰，且引入 BT 后，熔融峰峰型更加尖锐，熔融焓相较与纯聚芳醚腈从 15.94 J/g 上升至 16.21 J/g。向聚合物体系中引入 BT@PUA 后，由于 PUA 的存在改善了 BT 的分散问题，在同样填充量下，BT@PUA/PEN 中的晶区比例高于 BT/PEN，因此 BT@PUA/PEN 的熔融焓提升至 16.93 J/g。但由于 PUA 的极性基团脲基增加了 BT 与聚芳醚腈的分子间相互作用，使 PEN 的链段柔性增加，从而影响聚合物基质中晶区的形成过程，因此 BT@PUA/PEN 的熔融峰随着 BT@PUA 的增加而逐渐向低温移动，温度从 309.7 ℃降至 286.7 ℃。

表 4-3 聚芳醚腈、BT/PEN 及不同含量 BT@PUA/PEN 复合薄膜结晶性能参数

样品名	熔融焓 $\Delta H/(\text{J}\cdot\text{g}^{-1})$	结晶度/%
Pure PEN	15.94	9.4
BT/PEN-5wt%	16.21	10.1
BT@PUA/PEN-5wt%	16.93	11.8
BT@PUA/PEN-10wt%	17.38	14.9
BT@PUA/PEN-15wt%	15.08	10.8
BT@PUA/PEN-20wt%	14.87	8.9

当聚芳醚腈复合薄膜体系中 BT@PUA 填充量较高时，会显著影响聚芳醚腈的链段排列，使聚芳醚腈中靠近 PUA 层的链段排列方式异于纯 PEN 的链段排列方式，从而形成两种不同的晶体结构，因此可在 DSC 曲线上观察到明显的双重熔融峰。

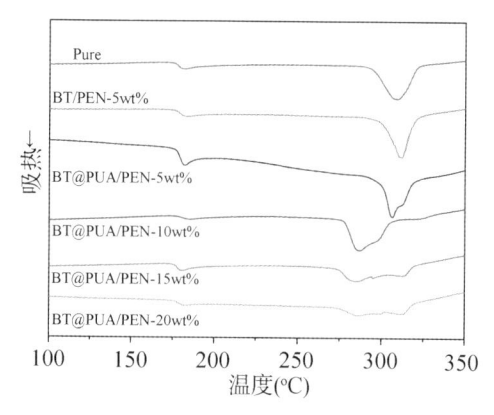

图 4-11 PEN、BT/PEN 及不同含量 BT@PUA/PEN 复合材料
等温处理后的 DSC 冷结晶曲线

图 4-12 展示了聚芳醚腈、BT/PEN 和不同含量 BT@PUA/PEN 复合材料等温处理后的 XRD 图像。通过 JADE 软件对 XRD 衍射峰进行分析，计算得到 PEN 的结晶度并总结至表 4-3 中。

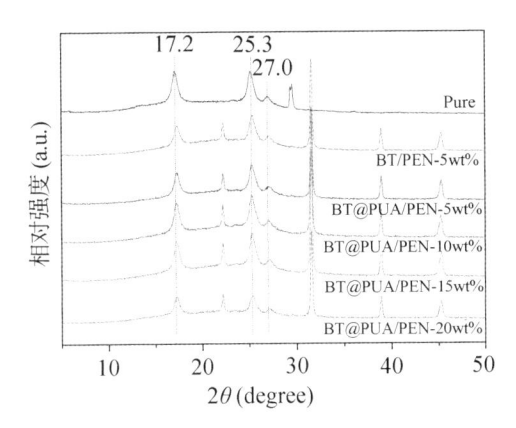

图 4-12 PEN、BT/PEN 及不同含量 BT@PUA/PEN 复合材料等温处理后的 XRD 谱图

从 XRD 谱图中可注意到，引入 BT 及 BT@PUA 纳米粒子并未改善聚芳醚腈的衍射峰出现的位置，PEN 的晶体结构没有发生变化，因此所有 PEN 复合材料均可在 $2\theta=17.2°$、$25.3°$ 和 $27.0°$ 处出现明显衍射峰。经过 JADE 计算后，得知纯 PEN 的结晶度为 9.4%。当引入 BT@PUA 后，PEN 的结晶度在填充量为 10% 时达到顶峰，达到 14.9%。当 BT@PUA 填充量进一步增大后，由于过多的纳米填料会阻碍聚合物分子链段的运动，从而减缓链段重排的能力使结晶度降低。结合 XRD 和 DSC 的分析结果表明，经 PUA 改性后的 BT@PUA 纳米颗粒在适宜的填充量下明显增强了聚芳醚腈的结晶度，可作为聚芳醚腈的有效成核剂。

4.3.1.4 BT@PUA/PEN 复合材料的力学性能

作为评价工程塑料的重要性能指标之一，力学性能也是聚合物复合材料薄膜优良物理性能的基础。图 4-13（a）展示了等温处理前后纯 PEN、含 5wt% 填料含量的 BT/PEN 和 BT@PUA/PEN 薄膜的拉伸强度及断裂伸长率。从图中可发现，处理后的薄膜拉伸强度上升，PEN 薄膜在未处理时的拉伸强度为 105.67 MPa，在等温处理后达到 113.41 MPa，而 BT@PUA/PEN 复合薄膜在等温处理后，拉伸模量则达到了 120.33 MPa。这是因为等温处理后的薄膜结晶度更高，聚合物基质中晶区增多，当薄膜被拉伸时，晶区的存在抑制了聚合物非晶区中无定形排列的链段的滑移，从而抑制了高分子链段的相对滑动，PEN 复合薄膜的力学性能得以提高，刚性增强。图 4-13(b)展示了等温处理前后含不同 BT@PUA 填料含量的 BT@PUA/PEN 的力学性能。随着 BT@PUA 的引入，复合薄膜的拉伸强度和断裂伸长率显示出同样的先增加后减小的趋势。得益于 BT@PUA 与聚芳醚腈有较强的界面相互作用，当 BT@PUA 在复合物薄膜体系中的含量为 5wt% 时，断裂伸长率达到最大值 8.66%；当含量增加到 10wt% 时，复合薄膜拉伸强度达到最大值 122.73 MPa，断裂伸长率虽有下降，但也保持在 8% 以上，仍展现出复合材料的强韧性特征。当填料含量继续增加，由于刚性粒子在聚合物基质中不可避免地聚集，导致纳米复合薄膜的拉伸强度和弹性模量逐渐降低。综上所述，BT@PUA 可以在一定程度上增强结晶性聚芳醚腈的力学性能，且复合薄膜在等温处理后会获得更好的力学性能，所有薄膜都具有较好的柔韧性。

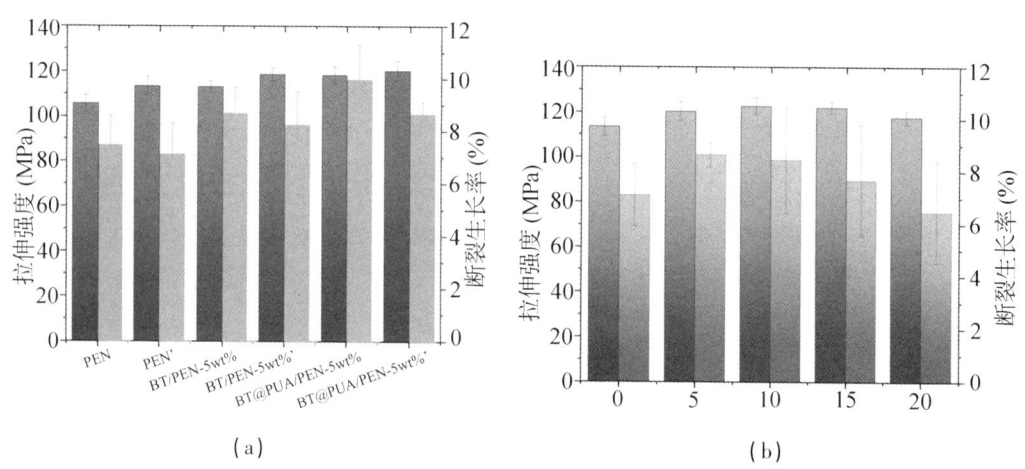

图 4-13 BT@PUA/PEN 薄膜的力学性能

4.3.1.5 BT@PUA/PEN 复合材料的介电性能

图 4-14 展示了常温下等温处理前不同含量 BT@PUA/PEN 复合电介质薄膜的介电性能，测试频率为 100 Hz ~1 MHz。纯聚芳醚腈的介电常数在 1 000 Hz 下为 3.88；向 PEN 中引入 5wt% BT 后，介电常数上升到 4.81。在同样的 5wt% 填充量下，BT@PUA/PEN 相较于 BT/PEN，由于 PUA 有机层的存在，介电常数略有下降，但下降不明显，在电场频率为 1 000 Hz 时，

仍能达到 4.74。并且，随着电场频率从 100 Hz 加到 100 MHz，BT/PEN 的介电常数从 4.99 下降到了 4.63，下降率为 7.2%；而 BT@PUA/PEN 随着电场频率的变化，介电常数则从 4.82 下降至 4.61，下降率为 4.4%。这说明 PUA 的引入有效提升了复合电介质薄膜的频率稳定性。一方面，随着体系中 BT@PUA 的增多，聚合物基质中的 BT@PUA 可被视作纳米电容器，纳米电容器含量的提升提高了复合电介质的介电常数；另一方面，随着纳米填料的增加，BT 与 PUA 层、PUA 层与聚芳醚腈基质的相界面增加，进一步导致复合材料界面极化增加，进而增强复合体系的介电常数。当 BT@PUA 的含量达到 20wt% 时，介电常数提升到 6.71，介电常数为纯聚芳醚腈的 1.72 倍。图 4-14（b）展示了复合薄膜的介电损耗。从图 4-14（b）中可看出，介电损耗的变化趋势同介电常数相似，随着聚合物基质中填料的增加介电损耗也相应增加。但功能化的 BT 在聚芳醚腈中有良好的的分散性，介电损耗的变化不大。

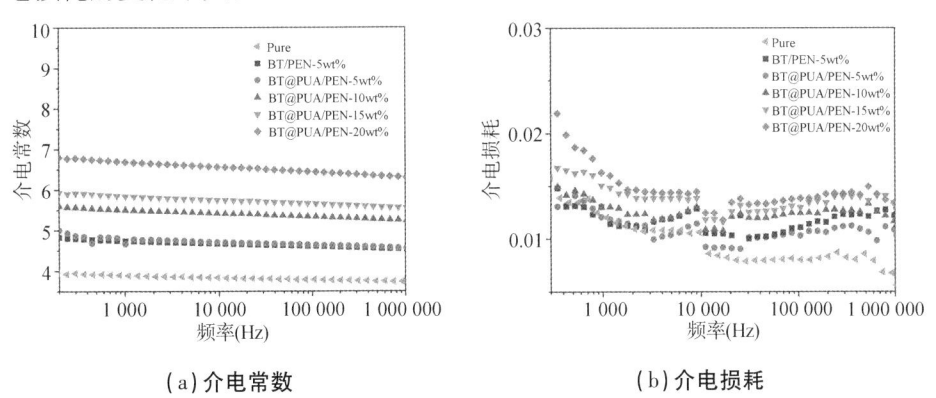

(a) 介电常数　　　　　　　　(b) 介电损耗

图 4-14　纯 PEN、5wt% BT/PEN 及不同填料含量的 BT@PUA/PEN 的介电性能

图 4-15 为等温处理后，纯膜、BT/PEN 和不同含量 BT@PUA/PEN 复合电介质薄膜的介电性能。

(a) 介电常数　　　　　　　　　(b) 介电损耗

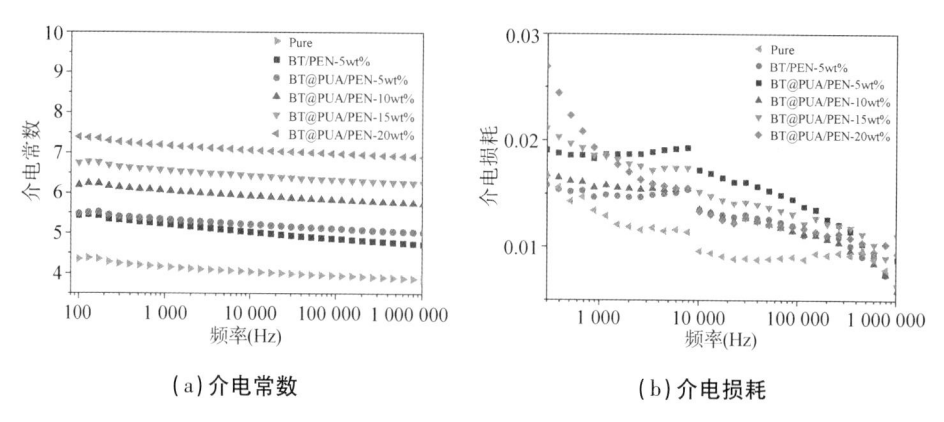

图 4-15　等温处理后纯 PEN、5wt% BT/PEN 和不同填料含量的 BT@PUA/PEN 的介电性能

在经过等温处理后，聚芳醚腈基质结晶更完善，晶区的形成进一步增强了界面极化，且将体系中的填料挤压向无定形区，因此等温处理后的复合薄膜相较于处理前，介电常数均得到提升。由 3.3.1.4 对复合薄膜结晶行为的研究知，对比未经 PUA 处理的 BT/PEN，PUA 有机层的存在有助于聚芳醚腈的结晶行为，经等温处理后结晶度更高，晶区形成更完善。因此，经等温处理后，BT@PUA/PEN 的介电常数反超了 BT/PEN。未处理前，1000 Hz 电场频率下 BT/PEN-5wt% 的介电常数为 4.81，BT@PUA/PEN-5wt% 则为 4.74；在等温处理后，BT/PEN-5wt% 的介电常数略有提升，达到 5.13，而 BT@PUA-5wt% 则达到 5.34，且仍具有更好的频率稳定性。在等温处理后，BT@PUA/PEN 在填充含量为 20wt% 下时可达到 7.18，相较于处理前，介电常数上升了 7%。此外，结晶后的聚芳醚腈具有更多的相界面，因此介电损耗较之结晶前更高，但仍能保持在 0.02 左右，拥有稳定优异的介电性能。

作为储能电介质复合薄膜，复合材料的储能密度不仅受到介电常数的影响，还与复合材料的击穿强度密切相关。因此，为了获得高储能密度的电介质薄膜，需要同时考虑复合材料的介电常数和击穿强度。

BT@PUA/PEN 纳米复合薄膜的击穿强度如图 4-16(a) 所示。从图中不难发现，纯聚芳醚腈薄膜的击穿强度为 206.78 kV/mm，随着 BT@PUA 纳米填料含量的逐渐增加，复合介质薄膜的击穿强度随之逐渐下降。这是由于随着复合电介质薄膜中 BT@PUA 含量的增加，体系的极化能力上升，BT@PUA 与 PEN 基体间的自由电荷逐渐增多，因此在外电场逐渐加强时增加了复合聚合物薄膜材料中电树枝形成的概率，提高了发生电击穿的概率，从而使复合薄膜的击穿强度逐渐降低。然而，与未经表面包覆的 BT/PEN 复合电介质薄膜的击穿强度 192.43 kV/mm 相比，在同样为 5wt% 的填料含量下，BT@PUA/PEN 纳米复合薄膜具有相对更优的击穿强度 199.86 kV/mm，BT@PUA 纳米粒子因其表面有聚合物修饰层存在，可有效地降低 BT 纳米粒子较大的表面能。此外，与无机填料 BT 相比，有机层 PUA 与聚芳醚腈基体有更好的相容性，有助于无机填料在聚芳醚腈树脂中更好地分散，减少了聚芳醚腈复合薄膜中的缺陷，避免了在外电场下，大量自由电荷在 BT 与聚芳醚腈界面上的聚集。此外，BT 表面的有机 PUA 层能够在一定程度上避免外加电场所导致的载流子在薄膜材料中的传递，形成了一层电子阻隔层，从而有效降低了聚芳醚腈复合薄膜材料发生电击穿的概率，相应的电子击穿机理图可参见示意图 4-17。对复合薄膜进行热处理结晶后，由于聚芳醚腈聚合物基质中晶区的产生，复合薄膜中相界面进一步增加，因此相较于结晶前，击穿强度略有降低。

此外，通过式(2-4)可以计算得到 BT@PUA/PEN 纳米复合电介质薄膜的储能密度如图 4-16（b）所示。经计算后可知，当 BT@PUA 的填充含量从 0wt% 增加至 20wt% 时，BT@PUA/PEN 复合薄膜的储能密度从 0.73 J/cm^3 增加至 1.03 J/cm^3；当对聚芳醚腈聚合物进行等温结晶处理后，由于介电常数的提升程度大于击穿强度的下降幅度，储能密度相较处理之前有提升，含 20wt% 的 BT@PUA/PEN 复合薄膜的储能密度达 1.10 J/cm^3。以上结果表明，PUA 层的存在可增强电场击穿强度，从而增强聚芳醚腈电介质复合薄膜的储能性能。

(a)击穿强度

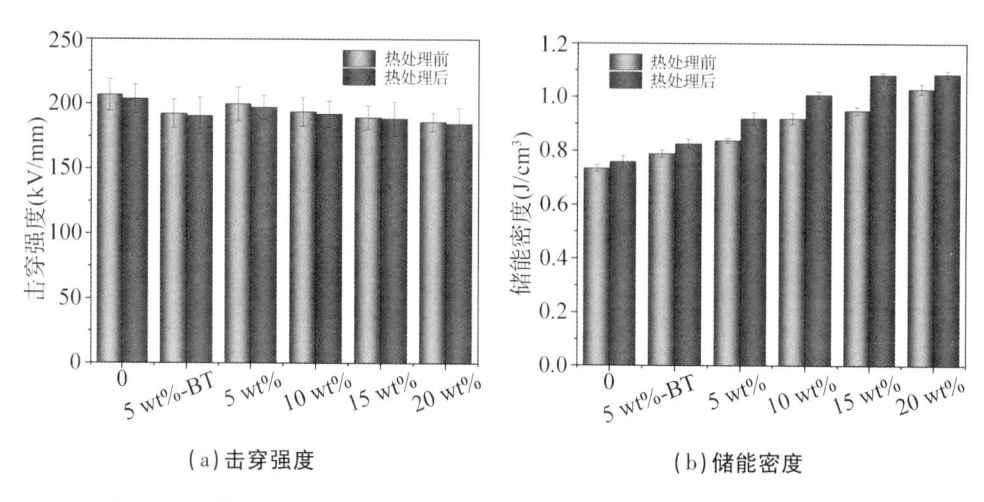

(b)储能密度

图 4-16　等温处理前后含不同填料含量的 BT@PUA/PEN 的储能性能

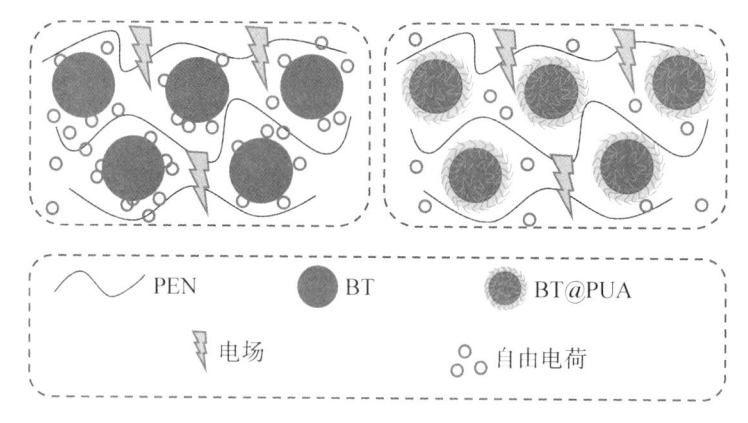

图 4-17　BT/PEN 和 BT@PUA/PEN 的内部结构及电击穿机理示意图

4.3. 本章小结

本章工作首先合成结晶型聚芳醚腈(HQ/RS-PEN)作为聚合物基体，并以 BT 纳米颗粒为主要组分填料引入 HQ/RS-PEN 基体中，制备聚芳醚腈基复合材料电介质薄膜。为了提高聚合物基质和填料之间的相容性，采用原位生长的的方式使 PUA 化学接枝在 BT 纳米粒子表面，制备得到具有核壳结构的 BT@PUA 纳米粒子,并通过对 BT@PUA 在聚芳醚腈聚合物基质中含量的调控,制备出填料含量不同的 BT@PUA/PEN 复合材料,详细地研究了聚芳醚腈基复合材料的性能。主要结论如下:

(1) 由 XPS、XRD、FTIR、TEM 和 SEM 等测试手段对 BT@PUA 的详细表征,证明了 PUA 有机层已成功原位生长于 BT 表面,且 PUA 并未改变 BT 的晶体结构和形貌。

(2) 通过对比 BT/PEN 和 BT@PUA/PEN 复合电介质薄膜的冷结晶曲线,可知 BT@PUA 相较于未经改性的 BT 有效地促进了聚芳醚腈聚合物基体结晶的能力。进一步对纯聚芳醚腈、BT/PEN 和 BT@PUA/PEN 复合电介质薄膜的非等温结晶动力学进行研究,发现随着 BT 的引入,聚芳醚腈复合薄膜的冷结晶温度从 266.8 ℃ 上升到 271.2 ℃,晶体活化能从 173.61 kJ/mol 上升到 285.26 kJ/mol,而在引入经 PUA 修饰过的 BT 后,由于 PUA 改善了 BT 在聚芳醚腈基质中的团聚,聚芳醚腈复合薄膜的冷结晶温度从 266.8 ℃ 下降到 264.0 ℃,晶体活化能从 173.61 kJ/mol 上升到 285.26 kJ/mol,聚芳醚腈的结晶时间缩短,结晶速率提升。

(3) 将纯 PEN、BT/PEN 和不同含量 BT@PUA/PEN 复合材料等温处理后,对各复合薄膜进行 XRD 和 DSC 分析。引入 BT@PUA 后,由于 PUA 的极性基团脲基增加了 BT 与聚芳醚腈的分子间相互作用,使聚芳醚腈的链段柔性增加,BT@PUA/PEN 复合电介质薄膜的熔融温度降低,从 309.7 ℃ 降至 286.7 ℃,同时,PUA 有机壳层的存在改善了 BT 的分散问题,在同样填充量下,BT@PUA/PEN 中的晶区比例高于 BT/PEN,因此 BT@PUA/PEN 的熔融焓提升至 16.93 J/g。引入 BT@PUA 纳米颗粒后,XRD 显示聚芳醚腈的结晶度从 9.4% 提升到 14.9%,结合 XRD 和 DSC 的分析结果表明,经 PUA 改性后的 BT@PUA 纳米颗粒在适宜的填充量下明显增强了 PEN 的结晶度,可作为聚芳醚腈的有效成核剂。

(4) 引入 BT@PUA 后,复合薄膜的力学强度相较于纯膜得到提升,当对薄膜进行等温处理后,聚合物基质的结晶度更高,聚合物基质中晶区增多,当薄膜被拉伸时,晶区的存在抑制了聚合物非晶区中无定形排列的链段的滑移,从而抑制了高分子链段的相对滑动,因此聚芳醚腈复合薄膜的力学性能得以提高,刚性增强,BT@PUA/PEN 复合薄膜在等温处理后,拉伸模量达到了 120.33 MPa。对于等温处理后的薄膜,随着 BT@PUA 的引入,复合薄膜的拉伸强度和断裂伸长率显示出同样的先增加后减小的趋势。BT@PUA 可以在一定程度上增强 PEN 的力学性能,且复合薄膜在等温处理后会获得更好的力学性能,使所有薄膜都具有较好的柔韧性。

(5)对比纯聚芳醚腈、BT/PEN 和不同填料含量 BT@PUA/PEN 的介电性能发现,在同样的 5wt% 填充量下,BT@PUA/PEN 相较于 BT/PEN 介电常数略有下降,但下降不明显,在电场频率为 1000 Hz 时仍能达到 4.74,且具有更好的频率稳定性。随着聚合物薄膜中 BT@PUA 含量的提升,介电常数提高,当含量达到 20wt% 时,介电常数提升到 6.71,介电常数为纯聚芳醚腈的 1.72 倍。薄膜经等温处理后,聚芳醚腈基质结晶更完善,晶区的形成进一步增强了界面极化,且将体系中的填料挤压向无定形区,因此等温处理后的复合薄膜相较于处理前,介电常数均得到提升,BT@PUA/PEN-20wt% 的介电常数可达到 7.18,相较于处理前,介电常数上升了 7%。介电损耗也能保持在 0.02 左右,具有稳定优异的介电性能。

第五章

钛酸钡纳米线/交联型聚芳醚腈复合材料及其介电性能研究

5.1 引言

通过前几章的研究结果发现，具有高介电常数、低介电损耗的钛酸钡纳米颗粒经 PUA 表面修饰后，可有效提升结晶型聚芳醚腈的结晶能力并进一步获得具有更高介电常数、力学强度等性能的聚芳醚腈复合电介质薄膜。聚芳醚腈具有耐热性好、机械强度高、阻燃性和绝缘性优异等特点，这是由其独特的化学结构所决定的。然而，传统聚芳醚腈的 T_g 为 170~200 ℃，在如今对高耐温储能薄膜、高模量挠性薄膜等领域的大量需求下，对复合薄膜材料的耐热性和力学强度提出了更加严苛的需求。此外，复合材料电介质器件应用中聚合物的蠕变会严重降低器件的稳定性和减少使用寿命，为了解决这个问题，向聚芳醚腈中引入邻苯二甲腈，邻苯二甲腈苯环上相邻的两个氰基增加了聚芳醚腈交联反应的类型，可生成酞菁环、异吲哚环和三嗪环等芳杂环。同时，端氰基的自由度大，且空间位阻比侧基氰基的小，在相同比例时更有利于固相交联反应的发生，使聚芳醚腈形成交联网络结构，从而进一步提升聚芳醚腈的耐高温特性及结构强度，可应用于更为苛刻的高温应用领域[203]。相比于传统的零维陶瓷 BT 纳米颗粒填料，具有高长径比的 BT 纳米线(barium titanate nanowire，BTnw)可以更有效地提高纳米复合材料的介电常数。然而，BTnw 的高长径比和表面惰性特性使得它在聚合物基体树脂中难以实现均匀分散，这会导致相互搭接或缠结等问题，从而降低了复合材料的综合性能。为了解决这些问题，可使用表面改性技术，增强其与聚合物基体树脂的相容性，从而实现更均匀的分散。此外，通过控制 BTnw 的填充用量，也可实现其在聚合物基体树脂中的均匀分散。总之，解决 BTnw 填充复合材料中的均匀分散与基体树脂的相容性，以及填充用量等问题，是提高聚芳醚腈复合电介质材料综合性能的关键。通过上述措施，可以有效地提高复合材料性能，使其在电子、光电和信息技术等领域具有更广泛的应用前景。

本章使用可交联型聚芳醚腈(BP-PEN-t-Ph)作为电介质薄膜的聚合物基体。首先通过水热法制备出高长径比的 BTnw，利用邻苯二甲腈对其表面进行官能化改性，并将其引入交联型聚芳醚腈基体中，通过热处理使氰基官能化后的 BTnw 与聚芳醚腈基体进行共价键键合构筑交联网络，研究不同 BTnw 填充含量对聚芳醚腈结构及性能的影响。

5.2 实验部分

5.2.1 实验试剂

本章节实验所使用的化学试剂未经进一步纯化，直接购入后使用，具体实验试剂详见表 5-1 所列。

表 5-1 实验试剂信息

试剂名称	简写	纯度	生产厂家
二氧化钛	TiO_2	AR	成都市科龙化工试剂厂
氢氧化钠	NaOH	AR	成都市科龙化工试剂厂
八水合氢氧化钡	$Ba(OH)_2 \cdot 8H_2O$	AR	成都市科龙化工试剂厂
4,4'-联苯二酚	BP	LR	天津索罗门生物科技有限公司
4-硝基邻苯二甲腈	—	≥98%	成都市科龙化工试剂厂
无水乙醇	—	AR	成都市科龙化工试剂厂
N,N-二甲基甲酰胺	DMF	AR	成都市科龙化工试剂厂
N-甲基吡咯烷酮	NMP	AR	成都市科龙化工试剂厂

5.2.2 表征仪器及方法

样品的化学结构、微观形貌和各性能分析所用测试方法、仪器与2.2.2所述一致。本章用XPS对制备得到的BTnw填料的元素种类、价键组成进行表征，使用SEM和TEM对填料粒子的微观形貌进行表征，晶体结构采用XRD测试；对聚芳醚腈基纳米复合薄膜的热学性能采用DSC和TGA进行表征，复合电介质薄膜的力学性能、介电性能采用万能试验机、同辉数字电桥测试仪进行表征，测试仪器型号和具体测试条件与第2章相同。

击穿测试：电介质薄膜材料的击穿场强由中航时代ZJC-50KV型电耐压测试仪测试。

5.2.3 氰基化BTnw纳米粒子的构筑

首先通过水热法制备BTnw，将1.44 g TiO_2 与70 mL的10 mol/L的

NaOH 溶液加入烧杯中，常温下机械搅拌 12 h，再转入 100 mL 水热釜中，于 200 ℃ 的烘箱中加热 24 h。待水热釜降温至室温，将水热釜中的液体转移至 500 mL 0.2 mol/L 的 HCl 溶液中，搅拌并静置 5 h。将所得的混合液体离心，并用去离子水洗涤，在真空烘箱中 70 ℃ 真空干燥 12 h，得到 $Na_2Ti_3O_3$ 纳米线。称取 0.15 g Na_2TiO_3 纳米线，加入至 70 mL 的 0.05 mol/L 的 $Ba(OH)_2·8H_2O$ 溶液中，氮气保护下超声 15 min 后转移至水热釜中，在 210 ℃ 下反应 85 min。待水热釜冷却至室温后，将所得产物经多次去离子水洗涤后干燥，得到 BT 纳米线。为了获得氰基官能化的 BTnw，首先对 BTnw 进行表面羟基化，该步骤与 2.2.3.1BT 的前驱处理方式一致。随后，称取 1.3 g 的 BT-OHnw 加入至 25 mL DMF 中超声分散，再加入 0.16 g 的 4-硝基邻苯二甲腈和 0.24 g 碳酸钾，在 80 ℃ 下经氮气保护搅拌 6 h，所得产物经多次 DMF 及去离子水洗涤后，在 60 ℃ 真空烘箱下干燥 12 h，得到氰基官能化的 BTnw。

5.2.4 聚芳醚腈基复合材料的制备

5.2.4.1 可交联型聚芳醚腈基体树脂的合成

以联苯二酚为原料，通过配比设计与控制，合成端羟基聚芳醚腈，待反应达到终点时加入 4-硝基邻苯二甲腈封端剂，从而合成得到双邻苯二甲腈封端的可交联聚芳醚腈[166]。其合成方法与 2.2.4.1 步骤基本一致，具体反应过程如图 5-1 所示。

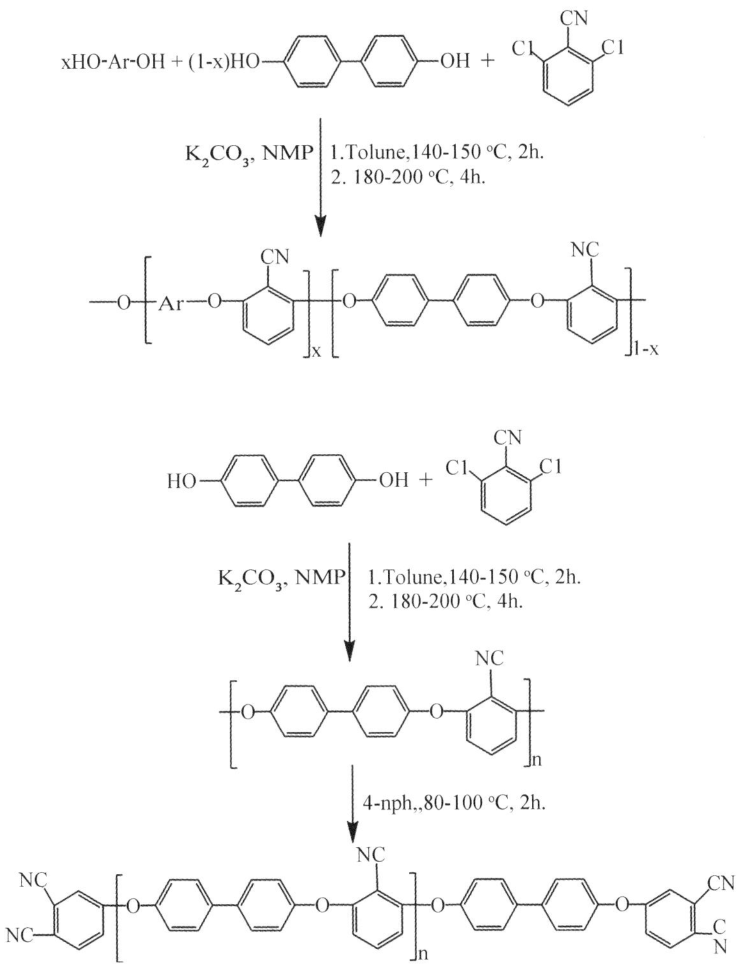

图 5-1 联苯-可交联型聚芳醚腈合成示意图

5.2.4.2 BTnw/PEN 复合材料的制备

BTnw/PEN 复合材料薄膜采用溶液共混流延法制备。具体操作如下：首先将 10 mL 的 NMP 溶剂加入至 50 mL 的三颈烧瓶中，再称取一定量的 BTnw 加入至 NMP 溶剂中，在 80 ℃下机械搅拌并超声 1 h，得到分别具有 0wt%、5wt%、10wt%、20wt% 和 30wt% BTnw 的 BTnw/PEN 复合材料。随后，将 BTnw/PEN 复合材料浇铸在水平玻璃板上，放入烘箱逐步升温以脱除溶剂，升温程序为 80 ℃ 1 h、100 ℃ 1 h、120 ℃ 1 h、160 ℃ 2 h、200 ℃ 2 h。程序运行完成，待复合薄膜膜冷却至室温后从玻璃板上揭出，即得到 BTnw/PEN

纳米复合材料薄膜。用作对比样的钛酸钡纳米颗粒(barium titanate nanosphere, BTns)复合薄膜 BTns/PEN 薄膜通过相同的程序制备得到。所有复合材料薄膜在高温烘箱中以 320 ℃热处理 4 h 后,得到交联的复合材料薄膜。

5.3 结果与讨论

5.3.1 BTnw/PEN 纳米复合材料的与性能研究

本章利用水热法制备得到 BT 纳米线,并利用 4-硝基邻苯二甲腈对 BTnw 进行氰基功能化,采用溶液流延法将 BTnw 引入至可交联型聚芳醚腈基体中制备得到 BTnw/PEN 复合材料薄膜,以研究 BTnw 对 PEN 性能的影响。

5.3.1.1 BT 纳米线的结构表征

为了详细表征 BT@PUA 纳米填料的化学结构和组成成分,本节使用了 FTIR、XRD 和 XPS 进行测试,这些测试旨在验证 BTnw 纳米填料的结构。

图 5-2 展示了 BTnw、BTnw-OH 和 BTnw-CN 的 FTIR 谱图。

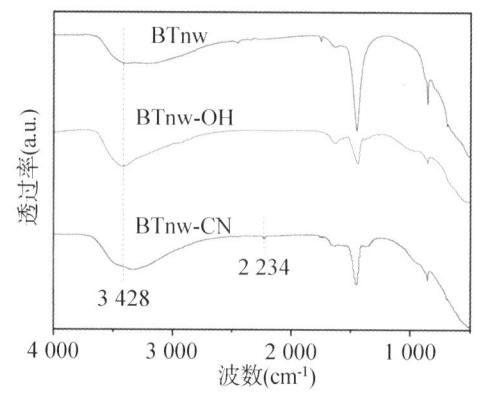

图 5-2 BTnw、BTnw-OH 和 BTnw-CN 的 FTIR 图

从图中可以看出，三种 BTnw 均在 3 428 cm^{-1}出现明显的吸收峰，这是由—OH 引起的。值得注意的是，BTnw-CN 在 2 234 cm^{-1}处出现了—CN 的特征吸收峰，证明 4-硝基邻苯二甲腈已经成功修饰在 BTnw 表面，实现了 BTnw 的氰基官能化。

为了进一步确定 BTnw-CN 的化学组成，图 5-3 为 XPS 对 BTnw-CN 纳米线的表征结果。XPS(X-ray Photoelectron Spectroscopy)是一种表面分析技术，它可以通过将样品表面暴露在 X 射线束下，利用光电效应来测量样品表面元素的能量和化学状态。对于 BTnw-CN 纳米线，XPS 全谱图的分析结果可以提供关于其化学组成的详细信息。从 XPS 全谱图中可以看出，BTnw-CN 的扫描图谱可以观测到 Ba 3d、O 1s、Ti 2p、N 1s、C 1s、Ba 4p 和 Ba 4p 的衍射峰，其中 Ba、Ti、O 属于 BT 纳米线，而 N 和 C 则是由于 4-硝基邻苯二甲腈提供，证明 4-硝基邻苯二甲基已成功接枝在 BTnw 表面。

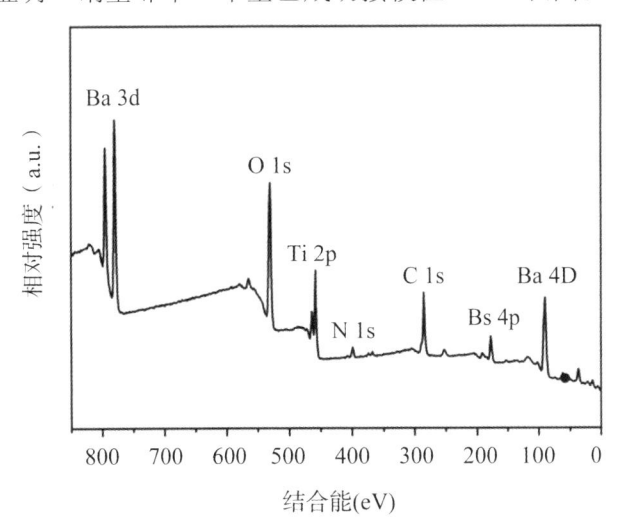

图 5-3　BTnw-CN 纳米粒子的 XPS 全谱图

BTnw、BTnw-CN 及 BTns 的晶体结构由 XRD 表征得到。XRD(X-ray Diffraction)是一种常用的晶体结构表征技术，可以通过测量材料的衍射图案来确定材料的晶体结构。对于 BTnw、BTnw-CN 和 BTns 纳米线，XRD 的分析结果可以提供关于其晶体结构的信息。如图 5-4 所示，由 TiO$_2$ 制得的 Na$_2$Ti$_3$O$_7$ 纳米线的衍射图案区别于 BTnw、BTnw-CN 和 BTns，BTnw、

BTnw-CN 和 BTns 都在 20.1°、31.4°、38.8°、45.2°和 56.1°处出现明显的衍射图案，对应于钛酸钡(100)、(110)、(111)、(002)和(211)晶面，为 BT 典型的铁电结构，且 BTnw-CN 在 20°附近出现一个较宽的馒头峰，这是由 4-硝基邻苯二甲腈导致的，进一步证明了 BTnw 成功被氰基官能化。因此，综合以上 FTIR、XRD 及 XPS 的表征测试结果可证明，BTnw 已成功通过水热法制备，且通过 4-硝基邻苯二甲腈化学接枝在表面形成氰基官能化的 BTnw-CN，这为进一步应用提供了潜在的可交联基团。

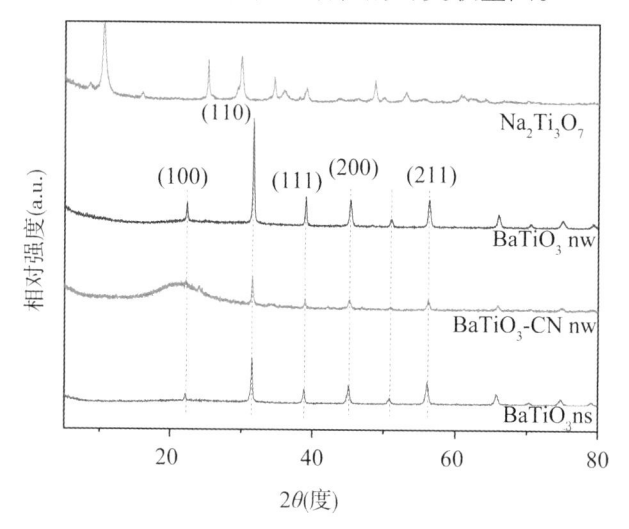

图 5-4　BTnw、BTnw-CN 和 BTns 的 XRD 谱图

5.3.1.2　BT 纳米线的形貌表征

BTnw-CN 的微观形貌由 SEM 确定，如图 5-5 所示。从 SEM 显微图像可以看出，BTnw 呈现明显的高长径比纳米线状，通过 Image J 软件计算出 BTnw-CN 的平均长度为 3.5 μm，平均直径约为 0.25 μm，平均长径比为 30.7。综合 SEM 图展示的 BTnw-CN 的微观形貌，以及 5.3.1.1 中 XRD、FTIR、XPS 的表征结果，可证明成功制备得到氰基官能化的具有高长径比的 BTnw。

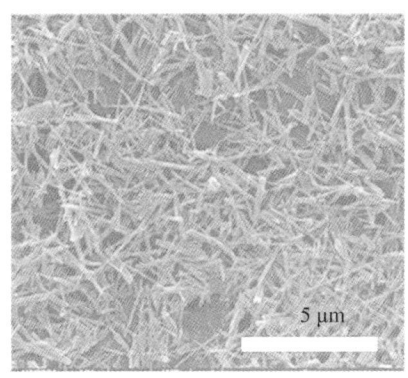

(a)5 μm 尺度下　　　　　　　(b)3 μm 尺度下

图 5-5 BTnw-CN 的 SEM 图

5.3.1.3 BTnw-CN/PEN 复合材料的热性能

在确定 BTnw-CN 的成功制备后，继续利用溶液流延法将 BTnw-CN 引入至可交联的聚芳醚腈 BP-PEN 基体中，通过对 BTnw-CN 在聚芳醚腈基质中含量的调控，制备出不同 BTnw-CN 含量的 BTnw-CN/PEN 复合材料薄膜。聚合物基复合材料薄膜的热性能是评估电介质薄膜实际应用温度的重要指标。图 5-6（a）展示了具有不同 BTnw-CN 含量的复合电介质薄膜在热处理前的 DSC 曲线。从图中不难发现，所有聚芳醚腈复合薄膜材料都具有较高 T_g（>150 ℃），当复合薄膜体系内 BTnw-CN 的含量从 0wt% 增加至 30wt%，由于聚合物中刚性 BTnw-CN 粒子增加，聚合物链段的运动被其限制，因此聚芳醚腈复合薄膜的 T_g 呈现增高的趋势。图 5-6（b）为在 320 ℃ 下处理 4 h 后的复合薄膜的 DSC 曲线。热处理时，PEN 两端的邻苯二甲腈官能团和侧链上的氰基发生固相交联反应，导致纯 PEN 在热处理后的玻璃化转变温度 T_g 提升至 235.7 ℃。当聚合物体系引入 BTnw-CN 后，由于 BTnw-CN 表面富有氰基，可作为交联剂参与交联，可实现整个聚合物体系氰基的活化，为 PEN 聚合物交联体系提供了交联点，因此 BTnw-CN/PEN 复合薄膜相较于纯 PEN 交联反应程度更高，T_g 提升更明显。BTnw-CN/PEN 的交联过程示意图如图 5-7 所示。当 BTnw-CN 填充含量达到 30wt% 时，T_g 提升至 272.5 ℃，相较于交联前提高了 39.4%。BTnw-CN/PEN 优异的热性能为其在高温条件下的应用提供坚实基础。

(a) 热处理前   (b) 热处理交联后

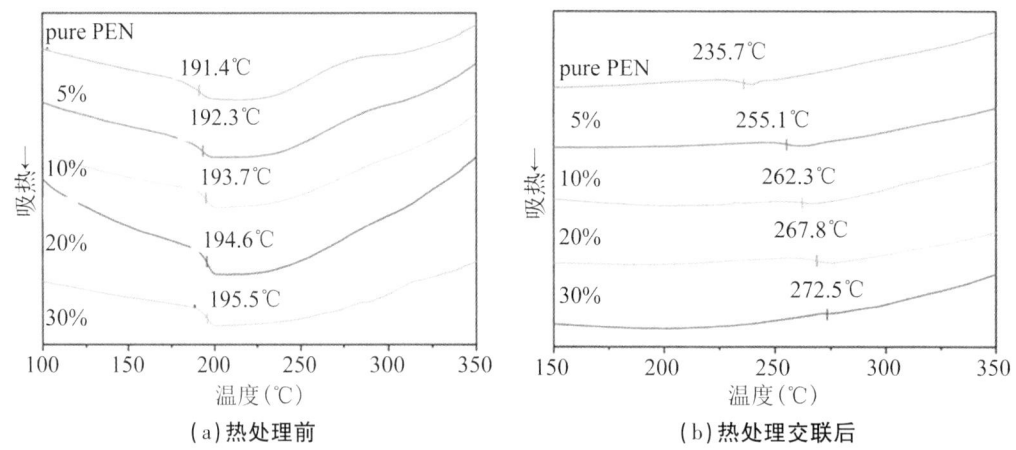

图 5-6 含不同 BTnw-CN 含量的 BTnw-CN/PEN 复合电介质薄膜的 DSC 曲线

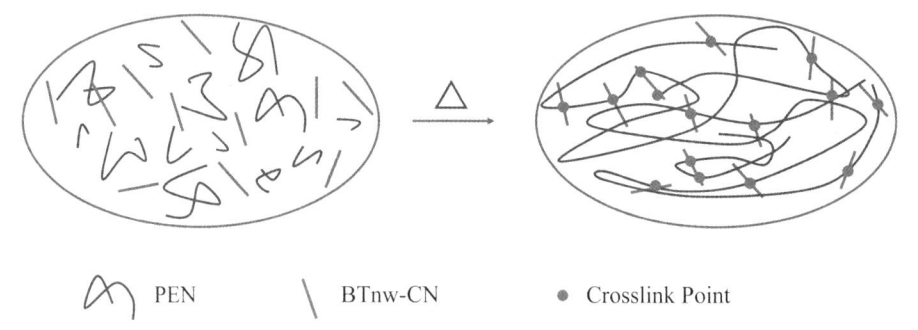

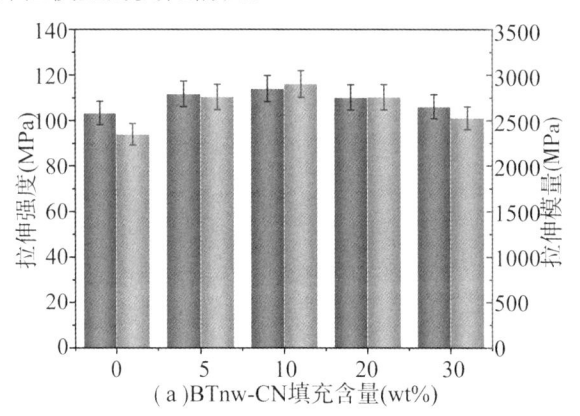

PEN   BTnw-CN   ● Crosslink Point

图 5-7 BTnw-CN/PEN 复合薄膜的交联示意图

5.3.1.4 BTnw-CN/PEN 复合材料的力学性能

图 5-8 为含不同 BTnw-CN 填料含量的 PEN 复合薄膜在热处理交联前后的拉伸强度与弹性模量的变化情况。

(a) BTnw-CN 填充含量(wt%)

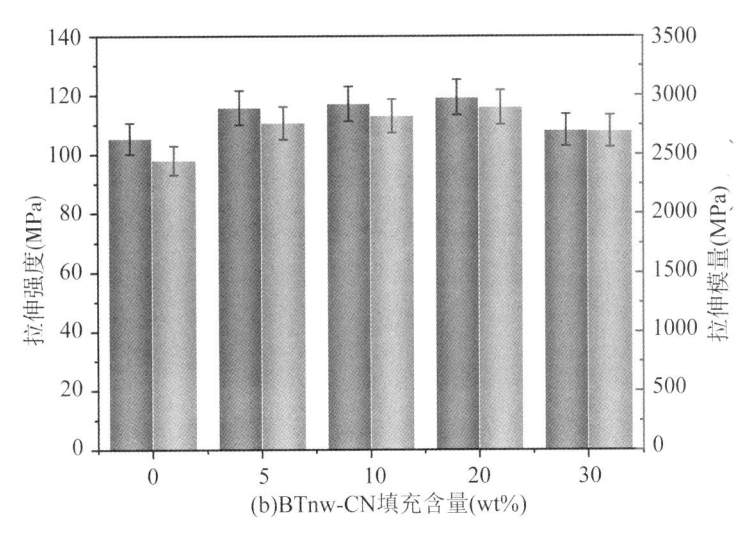

图 5-8　BTnw-CN/PEN 复合薄膜的力学性能

从图 5-8（a）中可以看出，随着复合体系中部分 BTnw-CN 含量的增加，复合薄膜的拉伸强度和弹性模量均呈现了先增大后减小的趋势。高长径比的一维 BTnw-CN 在聚合物中可分担更多外界应力，从而提升复合薄膜的力学强度，但大量的 BTnw-CN 会因无可避免的团聚导致力学性能的降低，因此复合薄膜的力学强度随着 BTnw-CN 的引入先上升后减小，其中，当填料含量为10wt%时，复合薄膜的拉伸强度及弹性模量达到了最大值分别为 113.7 MPa 和 2 801.5 MPa；当填充量达到30wt%，复合薄膜的拉伸强度和弹性模量略有下降，但仍高于纯聚芳醚腈薄膜，均超过 100 Mpa 及 2 300 MPa。图 5-8（b）为热处理后个复合薄膜的拉伸强度及弹性模量变化图。从图中不难发现，由于热处理后的 PEN 基质形成了热交联网络，相较于热处理前，热处理后的薄膜的力学强度都得到了提升，且引入了 BTnw-CN 后的复合薄膜由于存在更多的交联位点，交联程度高于纯聚芳醚腈，因此力学性能的提升程度高于纯膜。复合薄膜的拉伸强度弹性模量在填料含量为20wt% 达到峰值 119.1 MPa 及 2 897.55 MPa，相较于未处理前的复合薄膜提升了 8.9% 和 6.7%，相较于纯膜提升了 15.2% 及 19%。以上实验结果证明 BTnw-CN/聚芳醚腈纳米复合材料薄膜具有较高的力学强度与模量，为进一步耐高温薄膜电容器的研究应用提供了新材料解决方案。

5.3.1.5　BTnw-CN/PEN 复合材料的介电性能

图 5-9 展示了热处理发生交联反应前后的 BTnw-CN/PEN 及 BTns/PEN 材料在常温下的介电性能随电场频率变化的趋势图，电场测试频率为 100 Hz ～ 1 MHz。从图 5-9（a）中可以看出，纯 PEN 薄膜的介电常数在电场频率为 1 000 Hz 下为 3.83，在引入 BTnw-CN 后，由于大量高介电一维陶瓷纳米线的引入，在外加电场下，有大量载流子聚集在无机纳米线与聚合物基体的相界面处，有效地提高了复合体系的介电常数[204-206]。因此，复合材料电介质薄膜的介电常数随着 BTnw-CN 含量的增加而增加。当 BTnw-CN 的填充量达到 30wt% 后，介电常数在电场频率为 1 000 Hz 下达到了 12.1。值得注意的是，相比较于同样填充含量的 BTns/PEN，由于 BTnw 相较于 BTns 具有更高的长径比，在相同含量下为复合体系提供了更多相界面，从而具有更高的界面极化能力[207]。因此，同样为 30wt% 的填充含量，BTnw-CN/PEN 的介电常数高于 30wt% 的 BTns/PEN（9.72），提升了 24.4%。由于复合电介质薄膜极化弛豫的效应，所有曲线均随着电场频率的提高而略有降低。对于聚合物复合电介质薄膜的实际应用来讲，介电损耗是影响能量耗散的重要因素之一，较低的介电损耗更有利于储能电介质薄膜的实际应用。与介电常数的变化趋势相似，图 5-9（b）所展示的介电损耗随电场频率的提高而降低，且随着体系中高介电常数 BTnw-CN 填料的增加而增加。但即使是 30wt% 填充含量的 BTnw-CN/PEN 复合材料薄膜，介电损耗仍能保持在 0.035 以下，具有低介电损耗特质。

图 5-9（c）、（d）为在 320 ℃下热处理 4 h 发生交联反应后的 BTnw-CN/PEN-Ph 复合电介质材料的介电常数及损耗随电场频率变化图。由于发生交联反应后的 PEN 复合薄膜中的极化基团—CN 被大量消耗，对比未发生交联反应的复合电介质薄膜，热处理后得到的 BTnw-CN/PEN-Ph 杂化材料的介电常数和损耗都有所降低，介电损耗下降到 0.025 以下，且 30wt% 含量下的 BTnw-CN/PEN 复合薄膜在电场频率 1 000 Hz 下的介电常数仍保持在 10.28。此外，随着电场频率的增加，30wt% BTnw-CN/PEN-Ph 频率降低率从交联前的 10.3% 下降至 8.9%，呈现出更好的介频稳定性。由此可见，发

生交联反应后的 BTnw-CN/PEN-Ph 复合电介质薄膜拥有较高的介电常数和更低的介电损耗，表现出优异的介频稳定性。这为高介电低损耗耐高温电介质材料的开发提供了新的技术路线。

(a) 热处理前的介电常数

(b) 热处理前的介电损耗热

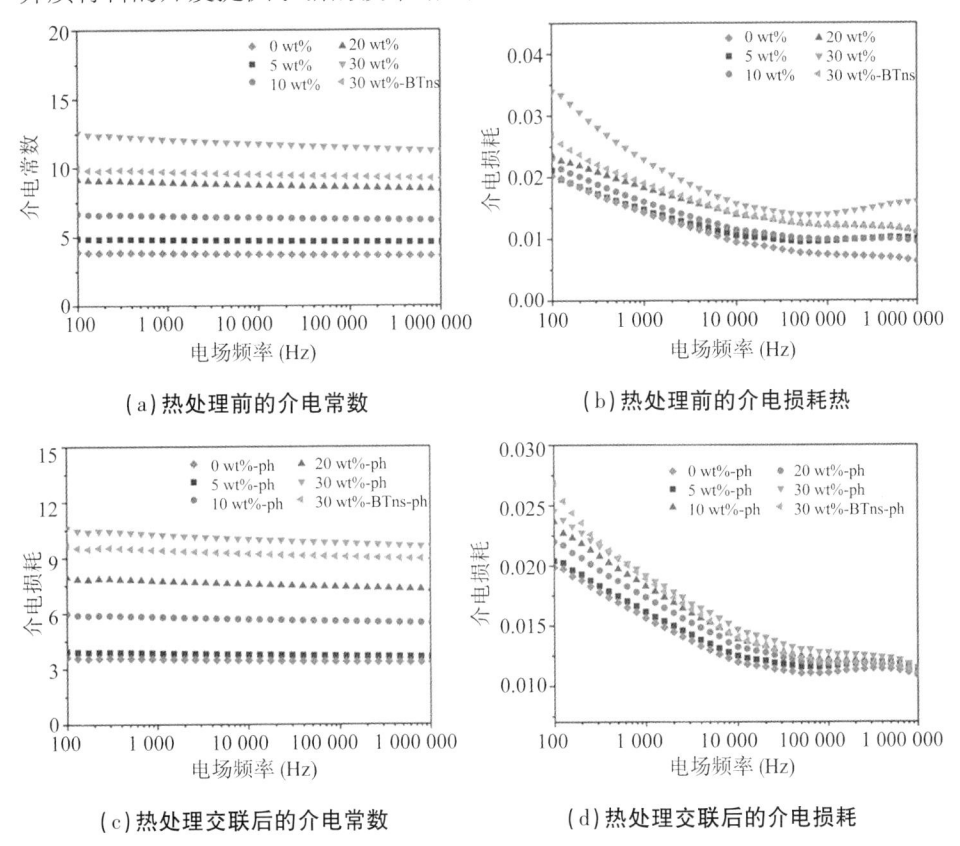

(c) 热处理交联后的介电常数

(d) 热处理交联后的介电损耗

图 5-9　含不同 BTnw-CN 含量及 30wt% BTns 的 PEN 复合薄膜的介电性能

复合材料介电薄膜的击穿强度及储能密度是衡量电介质薄膜介电性能的另一个重要参数，作为近线性电介质，BTnw-CN/PEN 的储能密度(U)可通过式(2-4)计算获得，储能密度由击穿强度及介电常数共同决定。图 5-10 (a) 展示了热处理交联前的 BTnw-CN/PEN 复合薄膜的击穿强度。由图 5-10 的结果可知，随着 PEN 聚合物体系中刚性粒子的引入，聚合物体系中的相界面增多，在外电场下载流子更多向界面处聚集，增加了聚合物复合材料中电树枝形成的概率，因此聚芳醚腈复合薄膜的击穿强度随填料引入逐渐下降。值得注意的是，相较于 BTns 纳米颗粒，虽然 BTnw-CN 具有更大的比表面积，但 BTnw-CN 相较于 BTns 分散性更好，BTns 在聚合物中形成大量团聚体造成大量缺陷，因此相同含量的 BTnw-CN/PEN 的击穿强度高于 BTns/PEN 复合电介质薄膜。图 5-10（b）则为通过公式计算后的热处理交联前的 BTnw-CN/PEN 复合薄膜的储能密度。当 BTnw-CN 的填充量从 0wt% 增加至 30wt% 时，复合薄膜的储能密度从 0.78 J/cm^3 上升至 2.00 J/cm^3。将复合薄膜在 320 ℃ 处理 4 h 后，热处理交联后复合薄膜的击穿强度及储能模量[图 5-10（c）、（d）]。由于交联反应后聚芳醚腈中的极性基团氰基被大量消耗，且交联网络结构的形成使聚合物结构更规整，相较于交联前的复合薄膜的击穿强度有所增强。复合薄膜的储能密度由击穿强度和介电常数共同决定，相较于交联前，交联后的复合材料的击穿场强度增强但介电常数减小，经计算，交联后的聚合物复合薄膜的储能密度与交联前的聚合物薄膜相差不大。当 BTnw-CN/PEN 的填充含量达到 30wt% 时，交联后的 BTnw-CN/PEN 聚合物薄膜仍能达到 1.99 J/cm^3，具有较高的储能密度，且获得了更高的耐热温度。综合以上测试结果，BTnw-CN/PEN 复合电介质薄膜在热处理交联前后均拥有较高的介电常数及优秀的储能密度，将为耐高温薄膜电容器研究应用提供新的有机电介质材料奠定基础。

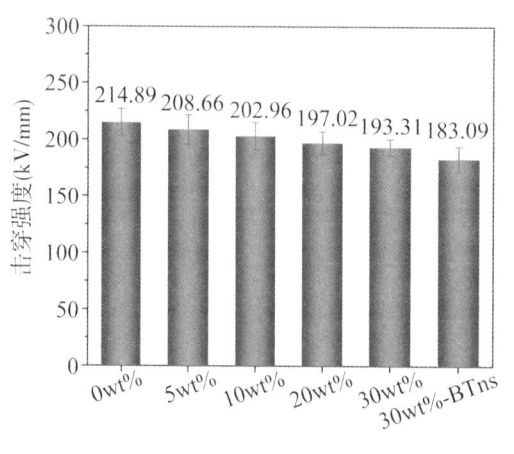

（a）热处理前的击穿强度 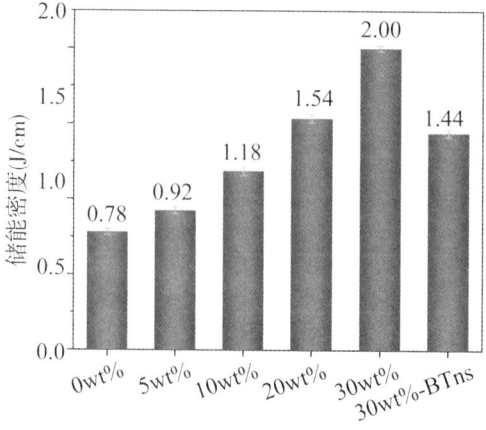　　　　　（b）热处理前的储能密度

(c) 热处理交联后的击穿强度

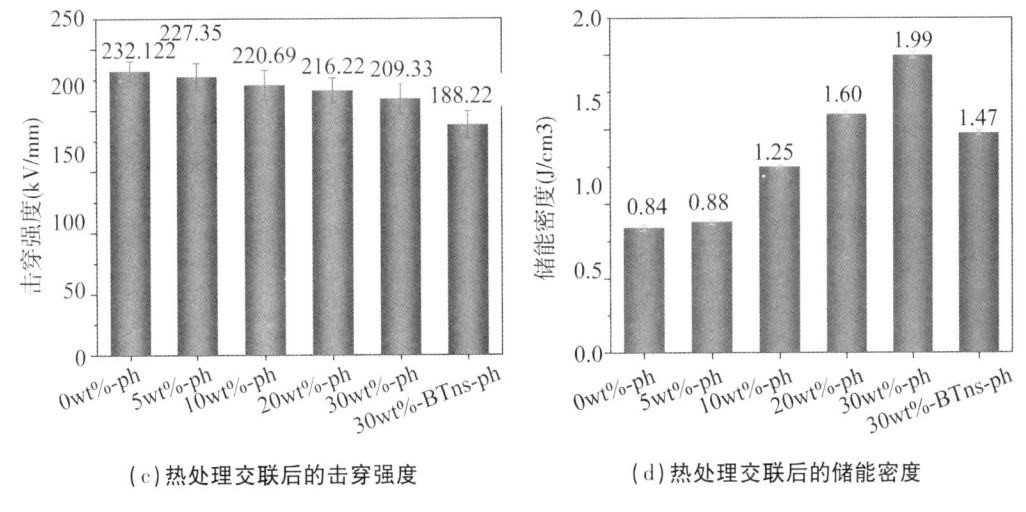

(d) 热处理交联后的储能密度

图 5-10　含不同 BTnw-CN 含量及 30wt% BTns 的 PEN 复合薄膜的储能性能

5.3. 本章小结

本章工作首先制备出双邻苯二甲腈封端的可交联型聚芳醚腈（BP-PEN-ph）作为聚合物基体树脂，并选用由水热法制得的一维 BT 纳米线为主要高介电组分填料引入至 BP-PEN-ph 基体中得到聚芳醚腈基电介质复合材料薄膜。为提高 BTnw 与 PEN 基质间的相容性，采用 4-硝基邻苯二甲腈对 BTnw 进行表面氰基官能化，得到一维 BTnw-CN 纳米线；通过对 BTnw-CN 在 BP-PEN-ph 中复合含量的调控，制备出含量不同的 BTnw-CN/BP-PEN-ph 复合材料，并详细地表征研究了填料及复合薄膜的制备与性能，主要结论如下：

（1）通过水热法成功合成了高长径比的 BTnw，采用 4-硝基邻苯二甲腈表面接枝得到了表面氰基官能化的 BTnw（BTnw-CN）。由 FTIR、XPS、XRD、SEM 等测试方法对 BTnw-CN 详细表征，证明了 BTnw-CN 成功由水热法制成，且氰基官能化后的 BTnw-CN 并未改变 BTnw 的晶体结构及形貌。

（2）在确定 BTnw-CN 的成功制备后，利用溶液流延法将 BTnw-CN 引入至 BP-PEN-ph 基体中，通过对填料含量的调控制备出不同含量的 BTnw-CN/PEN 复合电介质薄膜。所有复合薄膜的玻璃化转变温度 T_g 均大于 150 ℃，且 T_g 随着填料量的增加而升高。经 320 ℃处理 4 h 发生交联反应后的复合薄膜的 T_g 进一步提高，当 BTnw-CN 的含量为 30wt% 时，T_g 达到 272.5 ℃，相较于交联前的纯膜提升 42.3%，具有优异的耐温特性。

（3）氰基官能化后的碳酸钡纳米线（BTnw-CN）与可交联的双端基邻苯二甲腈聚芳醚腈在高温条件表现出原位交联聚合特征，BTnw-CN/PEN 复合薄膜的力学性能随填料含量的增加呈现先增加后减少的趋势，但填充量达到 30wt% 的复合薄膜的拉伸强度和弹性模量仍高于纯聚芳醚腈薄膜，均超过 100 MPa 和 2 300 MPa。热处理交联后的薄膜力学性能进一步提高，在 BTnw-CN 填料含量为 20wt% 时达到峰值，拉伸强度可以达到 119.1 MPa，弹性模量则达到 2 897.55 MPa，相较于交联前提升了 8.9% 及 6.7%，具有优秀的力学性能。

（4）成功获得了高介电常数、低损耗、高储能密度的耐高温的钛酸钡纳米线/聚芳醚腈复合材料。由于大量高介电陶瓷纳米线 BTnw-CN 的引入，在外加电场下，复合电介质薄膜的介电常数明显提升。在电场频率 1 000 Hz 下，纯 PEN 的介电常数为 3.83。引入 30wt% BTnw-CN 后，介电常数提升至 12.1，且介电损耗仍能保持在 0.035 以下。当复合薄膜经过热处理后，由于聚合物中大量的极性基团氰基被消耗，介电常数及损耗相较于交联前都略有下降，但 30wt% 填充量的 BTnw-CN/PEN 薄膜的介电常数仍高于 10，介电损耗则降低到 0.025 以下，储能密度高达 1.99 J/cm^3，具有突出的介电性能。

第六章

钛酸钡纳米线/结晶交联型聚芳醚腈复合材料及其介电性能研究

6.1 引言

通过第五章的实验结果，可以得出结论，具有高长径比的一维钛酸钡纳米线相较于钛酸钡纳米颗粒，在本征介电常数提升的情况下，可有效帮助可交联型聚芳醚腈基体进一步形成交联网络，从而获得更高的耐热性及力学性能。而在第四章中，采用结晶型聚芳醚腈作为聚合物基体，通过引入 BT@PUA 作为高介电填料，在促进聚芳醚腈基体结晶的同时，提升了聚合物复合电介质介电性能。聚芳醚腈固相交联形成含芳杂环骨架的立体结构后，可提高聚合物的热稳定性，而聚合物的结晶也可提升聚合物复合薄膜的耐热性能及力学强度。因此，为了进一步提升聚芳醚腈复合薄膜材料的各项性能，可将晶体结构与交联网络结构同时引入聚芳醚腈基体中，从而实现复合材料的协同强化[192]，该协同增强方法可以提升聚芳醚腈复合材料的耐热性能和机械强度，并进一步改善复合电介质薄膜的介电性能。

本章首先制备出联苯-对苯链节的邻苯二甲腈封端的可结晶、可交联型聚芳醚腈，使其作为复合材料电介质薄膜的聚合物基体，并向其中引入氰基官能化的 BTnw-CN，以探索制备聚芳醚腈纳米复合材料的方式。通过对复合电介质薄膜热处理温度的调控及复合材料体系中 BTnw-CN 复合含量的调控，以实现对聚芳醚腈基纳米复合薄膜结构与性能的控制。

6.2 实验部分

6.2.1 实验试剂

本章实验所用化学试剂未经进一步纯化，直接经购入后使用，其中部分未列出的试剂、原料和厂家同第二章。其他具体实验试剂见表 6-1 所列。

表 6-1 实验试剂信息

试剂名称	简写	纯度	生产厂家
4,4-联苯二酚	BP	LR	天津所罗门生物科技有限公司
对苯二酚	HQ	AR	苏州兴盛化工试剂厂
4-硝基邻苯二甲腈	—	≥98%	成都科龙化工试剂厂
无水乙醇	—	AR	成都市科龙化工试剂厂
N,N-二甲基甲酰胺	DMF	AR	成都市科龙化工试剂厂
N-甲基吡咯烷酮	NMP	AR	成都市科龙化工试剂厂

6.2.2 表征仪器及方法

本章采用 DSC 对复合薄膜的热学性能进行表征，力学性能采用万能试验机进行测试，介电性能由同惠数字电桥测试仪及电耐压测试仪进行表征。所使用仪器及方法与第二章、第三章所述相同。

6.2.3 氰基化钛酸钡纳米线的构筑

钛酸钡纳米线(BTnw)由水热法制得，氰基化钛酸钡纳米线(BTnw-CN)经4-硝基邻苯二甲腈接枝得到，具体制备过程及氰基官能化过程与4.2.3相同。

6.2.4 聚芳醚腈基复合材料电介质薄膜的制备

6.2.4.1 联苯-对苯结晶可交联型聚芳醚腈基体的合成

聚芳醚腈基体的合成方法如图6-1所示。

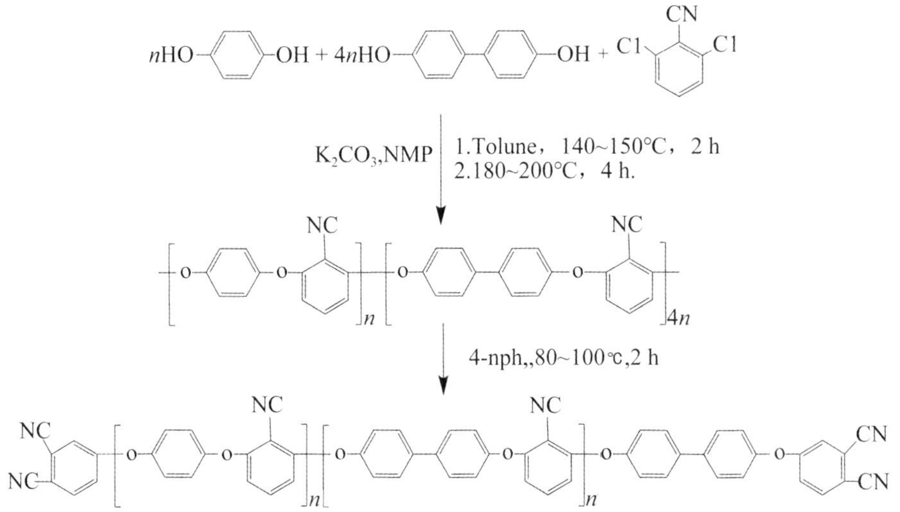

图6-1 联苯-对苯结晶可交联型聚芳醚腈基体合成示意图

本章选用联苯二酚及对苯二酚作为聚芳醚腈的双酚单体进行制备，并用4-硝基邻苯二甲腈对其进行封端处理[63]，具体合成步骤与2.2.4.1步骤基本一致。

6.2.4.2 BTnw/PEN 复合材料的制备

BTnw/PEN 复合薄膜材料采用溶液流延法制备,具体制备步骤与 4.2.4.2 相同,最终得到具有 0wt%、5wt%、10wt%、20wt%、30wt% BTnw-CN 的 BTnw-CN/PEN 复合材料薄膜。

所得复合材料薄膜在 260 ℃下热处理 2 h,得到结晶后的复合材料电介质薄膜;结晶处理后的复合材料电介质薄膜继续在 320 ℃下热处理 2 h 得到结晶交联型薄膜。

6.3 结果与讨论

6.3.1 BTnw/PEN-c-ph 纳米复合材料的性能研究

本章沿用上章水热法制备得到的 BTnw-CN 纳米线,利用混合溶液流延法引入至聚芳醚腈(HQ-BP-PEN-ph)基体中,通过对热处理温度及 BTnw-CN 含量的调控,详细研究了其对复合材料电介质薄膜性能的影响。

6.3.1.1 BTnw-CN/PEN-c-ph 复合材料的热学性能

为探究 BTnw-CN 及热处理条件对 PEN 复合材料电介质薄膜热学性能的影响,图 6-2 为未经热处理的复合薄膜和在 260 ℃下处理 2 h 后的复合材料电介质薄膜的 DSC 曲线。图 6-1(a)为未经热处理的复合材料电介质薄膜,由 DSC 曲线可知,未经热处理的纯聚合物膜的玻璃化转变温度 T_g 为 167.9 ℃,随着聚合物体系中 BTnw-CN 的含量增多,T_g 逐渐增高,当填料含量达到 30wt%时,T_g 达到峰值 186.31 ℃。未经处理的复合薄膜均未出现熔融峰,说明此时的聚芳醚腈仍未出现结晶性。图 6-2(b)为经 260 ℃下处理 2 h 后的复合材料电介质薄膜的 DSC 曲线,当复合材料薄膜在较低温度下等温处理后,DSC 曲线在 300 ℃下出现了明显的双重熔融峰,这说明聚芳醚腈表现出冷结晶行为,且由于晶区的出现,聚合物复合材料薄膜体系中 T_g 明显提升,纯聚合物膜在结晶后的 T_g 达到 185.98 ℃,而 30wt% 的 BTnw-CN/PEN-c 的 T_g 则达到 196.71 ℃。计算后各 PEN 复合薄膜的熔融焓列于表 6-2 中,纯聚芳醚腈聚合物在 260 ℃ 下处理后的熔融焓为 14.23 J/g。而引入 BTnw-CN 后,少量的 BTnw-CN 在结晶过程中提供更多的成核剂作用,因此结晶程度更高。当含量在 10wt% 时,熔融焓提升至最高 17.31 J/g,当填料含量继续增加,由于过多的刚性钛酸钡粒子影响聚合物链段的重排,阻碍了聚芳醚腈的分子链段运动,熔融焓稍有降低,但 30wt% 填充量的薄膜熔融焓为 15.22 J/g,仍高于纯聚合物膜的熔融焓,保持着较高的结晶程度。

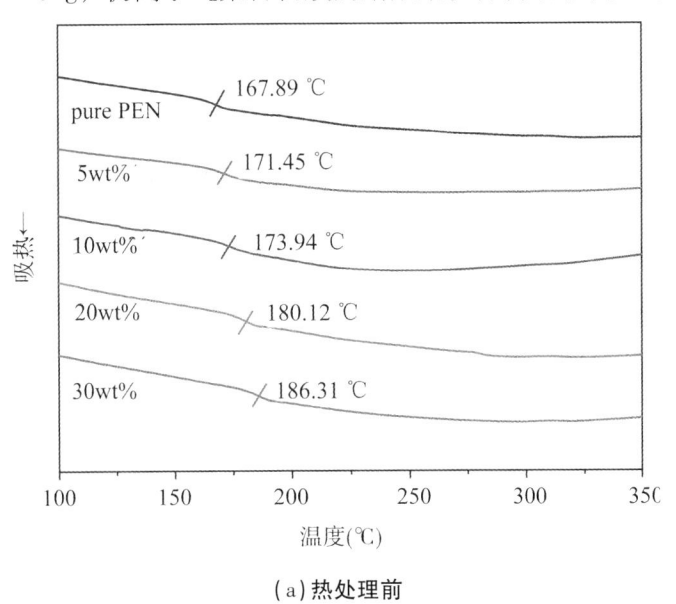

(a) 热处理前

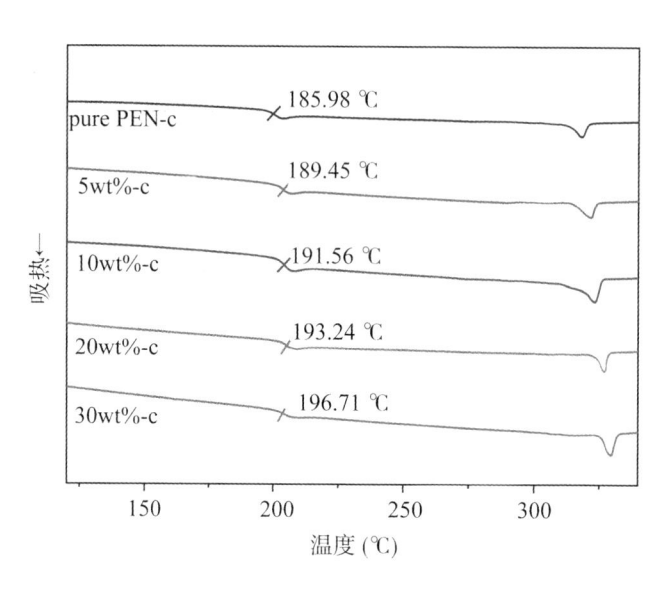

(b) 260 ℃下等温处理 2 h 后

图 6-2　含不同百分比的 BTnw-CN/PEN 复合薄膜的 DSC 曲线

图 6-3 为继续在 320 ℃下热处理 2 h 发生交联反应后复合薄膜的 DSC 曲线。

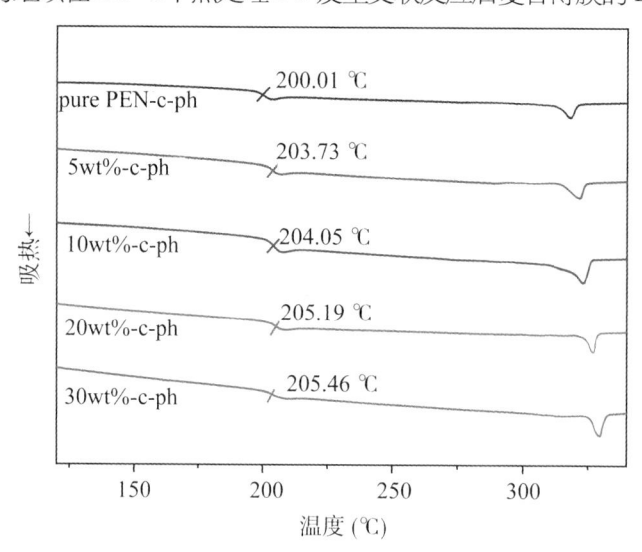

图 6-3　含不同百分比的 BTnw-CN/PEN 复合薄膜继续在 320 ℃下处理 2 h 后的 DSC 曲线

对比图 6-2(b)可看出，继续热处理后的复合材料薄膜由于交联网络的产生，所有薄膜的玻璃化转变温度都有提升，纯聚芳醚腈膜的 T_g 提升至

200.01℃，而30wt% BTnw-CN/PEN-c-ph的玻璃化转变温度则达到205.46℃，相较于未热处理前的薄膜提升了10.27%。并且，所有薄膜的熔融峰相比处理前变成了较尖锐的单峰，提升了20℃左右。这说明在320℃下热处理过程中不仅有交联结构的形成，部分结晶不完善的晶体被熔融，同时伴随着分子链的重结晶过程，得到了更完善的晶体，从而具有更高的熔融温度。重结晶后的晶区由于交联位点的存在，分子链段重排程度小，因此交联后的结晶程度明显小于未交联前，纯聚芳醚腈膜的熔融焓减少至8.7 J/g，10wt% BTnw-CN/PEN-c-ph的熔融焓达到峰值10.17 J/g。

表6-2 聚芳醚腈复合薄膜结晶熔融焓参数

样品名	熔融焓 ΔH/(J·g^{-1})
Pure PEN-c	14.23
5wt%-c	15.68
10wt%-c	17.31
20wt%-c	16.59
30wt%-c	15.22
Pure PEN-c-ph	8.7
5wt%-c-ph	9.21
10wt%-c-ph	10.17
20wt%-c-ph	9.45
30wt%-c-ph	9.11

BTnw-CN/PEN薄膜在不同温度热处理下的结晶和交联过程如图6-4所示。

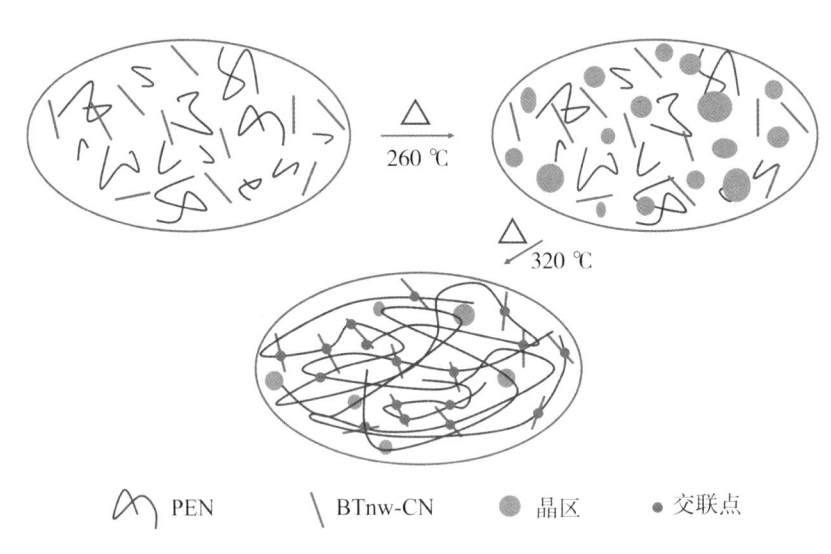

图 6-4 BTnw-CN/PEN 热处理中结晶和交联过程示意图

在 260 ℃下处理后的薄膜中发生结晶，产生了结晶不完善的晶体，聚合物中既存在晶区，也存在非晶区的无规链段及 BTnw-CN 纳米填料。当聚合物复合材料薄膜进一步在 320 ℃下热处理后，等温处理时同时存在不完整晶体的熔融、分子链的重结晶及交联网络形成的 3 个过程。处理后的薄膜不完善的结晶被熔融，聚合物链段重排得到了更完善的晶体，但由于交联网络的产生，受交联网络产生的影响，晶区形成困难，导致结晶程度降低。

6.3.1.2　BTnw-CN/PEN-c-ph 复合材料的力学性能

图 6-5(a)、(b)为含不同 BTnw-CN 填料含量的 PEN 复合材料薄膜在两次热处理后拉伸强度与弹性模量的变化情况。由图 6-5(a)可知，无论热处理与否，随着聚芳醚腈聚合体系中 BTnw-CN 的引入，聚合物的拉伸强度都随着 BTnw-CN 填料含量的增加呈现先增加后减小的趋势。这是由于在合适的填料填充量下，高长径比的一维 BTnw-CN 在聚合物中能分担更多的外场应力从而提升复合材料的力学强度，当填充量过大则会由于无可避免的团聚而降低拉伸强度。当复合材料薄膜在 260 ℃下等温处理 2 h 出现结晶后，聚芳醚腈基体中晶区产生提升了聚合物的刚性，因此拉伸强度增强。当聚合物薄膜进一步在 320 ℃下热处理后，聚合物中既存在晶区又存在新产生

的固相交联网络，因此拉伸强度得以进一步增强。未经热处理的纯聚芳醚腈薄膜的拉伸强度为 101.27 MPa，而结晶交联后的纯膜拉伸强度达到 106.32 MPa，当 BTnw-CN 填充量达到 10wt% 时，拉伸强度达到最高 115.37 MPa。图 6-5（b）所展示的复合材料薄膜热处理前后的弹性模量变化与拉伸强度有同样的趋势，随着复合物薄膜中晶区及交联网络的产生，复合材料的弹性模量逐渐提升。未经热处理的纯聚芳醚腈薄膜的弹性模量为 2279.56 MPa，而结晶交联后的纯聚芳醚腈薄膜弹性模量达到 2400.79 MPa，当 BTnw-CN 填充量达到 10wt% 时，弹性模量达到最高 2908.88 MPa。

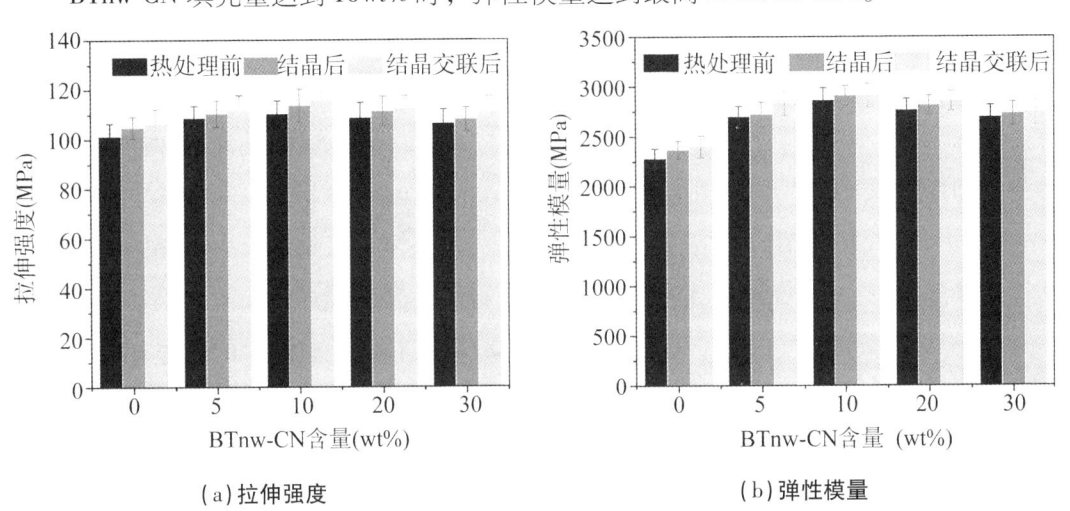

(a) 拉伸强度

(b) 弹性模量

图 6-5 含不同 BTnw-CN 含量的 BTnw-CN/PEN 复合薄膜在热处理前后的力学性能

6.3.1.3 BTnw-CN/PEN-c-ph 复合材料的介电性能

测试电场频率为 100 Hz ~ 1 MHz，BTnw-CN 填充含量及热处理对聚芳醚腈基复合材料电介质薄膜介电性能的影响如图 6-6 所示。从图 6-6(a) 中可以看出，纯 PEN 薄膜的介电常数在电场频率为 1000 Hz 下为 3.64；在引入 BTnw-CN 后，由于大量高介电一维陶瓷纳米线的引入，在外加电场下，有大量载流子聚集在钛酸钡纳米线与聚合物基体的相界面处，有效地提高了复合体系的介电常数。因此，复合材料电介质薄膜的介电常数随着 BTnw-CN 含量的增加而增加。当 BTnw-CN 的填充量达到 30wt% 后，介电常数在电场频率为 1 000 Hz 下达到了 12.11。由于复合材料电介质薄膜极化弛豫的效应，所有曲线均随着电场频率的提高而略有降低。对于聚合物复合材料电介质薄膜的实际应用来讲，介电损耗是影响电介质材料能量耗散的重要因素之一，因此在实际应用中，更低的介电损耗有助于电介质薄膜的使用。与介电常数的变化趋势相似，图6-6(b)所示的介电损耗随电场频率的提高而降低，且随着体系中高介电常数 BTnw-CN 填料的增加而增加。但即使是 30wt% 填充含量的 BTnw-CN/PEN 复合材料薄膜，介电损耗仍能保持在 0.035 以下，具有优异的低介电损耗特质。

图 6-6(c)、(d) 为在 260 ℃下热处理 2 h 产生晶区后的 BTnw-CN/PEN-c 复合材料的介电性能。从图 6-6(c) 中可知，经等温处理后，由于聚芳醚腈基质中晶区的出现，使复合薄膜中的填料向非晶区挤压，同时晶区的存在提高了聚合物复合材料的界面极化能力。因此，聚芳醚腈复合电介质薄膜的介电常数相较未处理前得到提高，30wt% BTnw-CN/PEN-c 薄膜的介电常数达到 12.76，相较于结晶前的 12.11 提升了 5.4%。此外，由于晶区的存在提供了更多相界面，从图 6-6(d) 中可看出，介电损耗略高于结晶前复合电介质薄膜的介电损耗，但仍能保持在 0.02 左右，具有稳定的可适用的介电性能。

图 6-6(e)、(f) 为在 320 ℃下热处理 2 h 发生交联反应后的 BTnw-CN/PEN-c-Ph 复合电介质材料的介电常数及损耗随电场频率变化图。由于发生交联反应后的 PEN 复合材料薄膜中的极化基团 CN 被大量消耗，对比未发生交联反应的复合材料电介质薄膜，热处理后得到的 BTnw-CN/PEN-Ph 复合材料的介电常数和损耗都有所降低，介电损耗下降到 0.025 以下，且 30wt% 含量下的 BTnw-CN/PEN-c-ph 复合薄膜在电场频率 1 000 Hz 下的介电常数仍保持在 11.68，仍高于未经热处理交联的复合薄膜的介电常数。此外，随着电场频率的增加，30wt% BTnw-CN/PEN-c-Ph 复合薄膜的频率降低率从交联前的 10.1% 下降至 7.8%，呈现出更好的介频稳定性。由此可见，发生交联反应后的 BTnw-CN/PEN-c-Ph 复合材料电介质薄膜拥有较高的介电常数和更低的介电损耗，且具有优异的介频稳定性，在实际应用中具有重要意义。

(a) 热处理前的介电常数　　　　　　　　(b) 热处理前的介电损耗

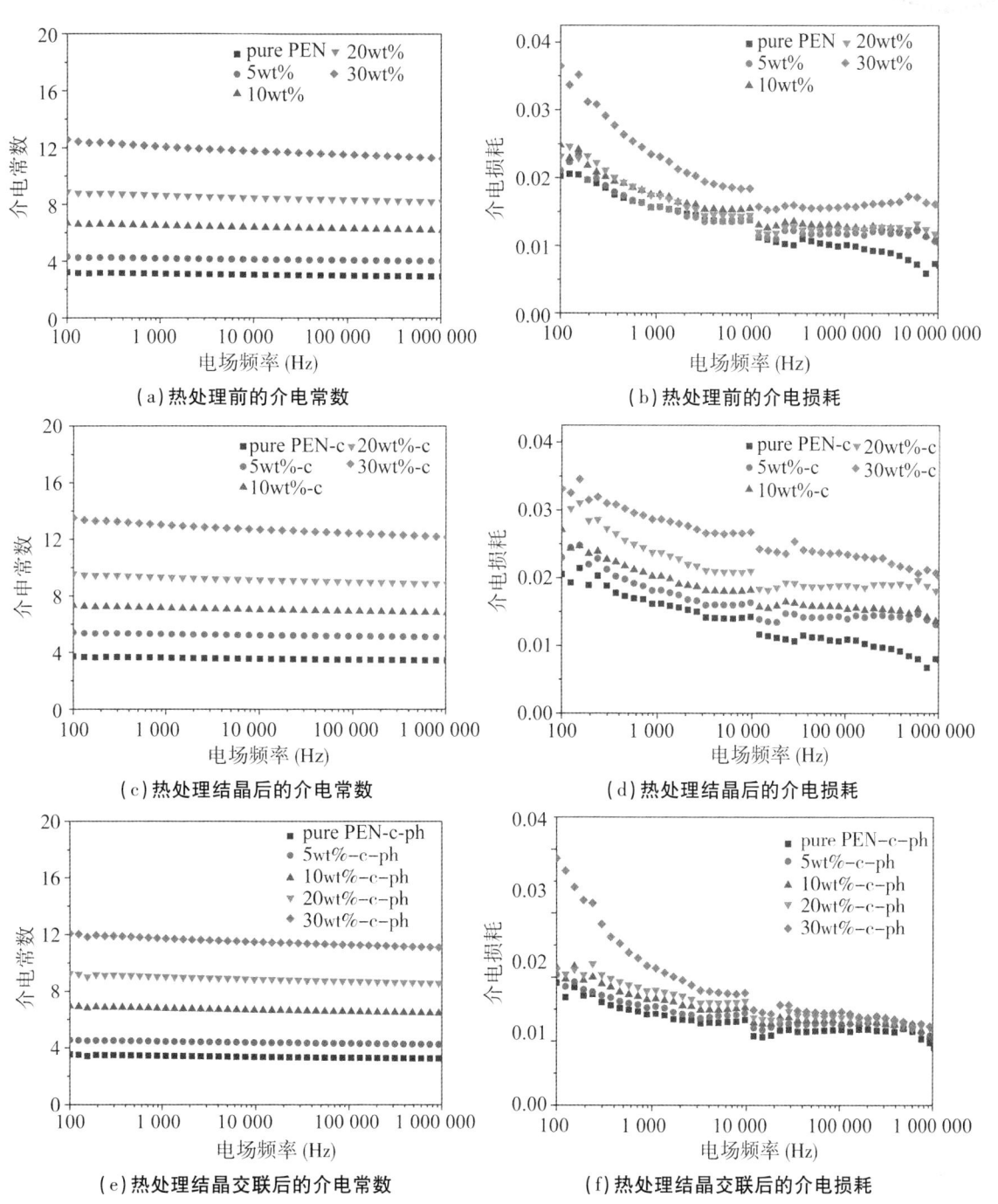

(c) 热处理结晶后的介电常数　　　　　　(d) 热处理结晶后的介电损耗

(e) 热处理结晶交联后的介电常数　　　　(f) 热处理结晶交联后的介电损耗

图 6-6　含不同 BTnw-CN 含量的 PEN 复合电介质薄膜的介电性能

复合材料介电薄膜的击穿强度及储能密度是衡量电介质薄膜介电性能

的另一个重要参数，聚芳醚腈作为近线性电介质，BTnw-CN/PEN 的储能密度(U)可通过公式(2-4)计算获得，储能密度由击穿强度及介电常数共同决定。图 6-7(a)展示了热处理前后的 BTnw-CN/PEN 复合薄膜的击穿强度。由图可知，随着聚芳醚腈聚合物体系中刚性粒子的引入，聚合物体系中的相界面增多，在外电场下载流子更多向界面处聚集，增加了聚合物中电树枝形成的概率，因此复合电介质薄膜的击穿强度随填料含量的增加而逐渐降低。当聚合物基质中有晶区产生时，由于晶区与非晶区之间产生更多相界面，且晶区的产生导致 BTnw-CN 向非晶区挤压，从而在外电场下更易有漏电流产生，结晶后的复合材料薄膜的击穿场强略有下降，但即使是 30wt% 的 BTnw-CN/PEN-c 的击穿场强也达到了 188.06 kV/mm。将复合薄膜进一步在 320 ℃下热交联处理 4 h 后，由于交联反应后聚芳醚腈中的极性基团氰基被大量消耗，且交联网络结构的形成使聚合物结构更规整，因此相较于交联前的复合薄膜的击穿强度有所增强。图 6-7 (b)则为通过公式计算后的热处理交联前后的 BTnw-CN/PEN 复合材料薄膜的储能密度。当 BTnw-CN 的填充量从 0wt% 增加至 30wt% 时，未经热处理的复合薄膜的储能密度从 0.72 J/cm^3 上升至 1.90 J/cm^3。复合薄膜的储能密度由击穿强度和介电常数共同决定，对于热处理结晶后的复合材料薄膜，击穿场强的降低相较于介电常数的增高更弱，因此储能密度相较于热处理前的薄膜相较于交联前更高。当 BTnw-CN/PEN 的填充含量达到 30wt% 时，结晶后的 BTnw-CN/PEN-c 聚合物薄膜达到 2.0 J/cm^3。交联后的复合材料由于介电常数下降幅度较大，但击穿场强上升明显，经计算当 BTnw-CN/PEN 的填充含量达到 30wt% 时，交联后的 BTnw-CN/PEN 聚合物薄膜的储能密度达到 2.12 J/cm^3。综合以上测试结果表明，BTnw-CN/PEN 复合材料电介质薄膜交联前后均具有较高的介电常数及较高的储能密度，在薄膜电容器领域具有巨大的应用潜力。

(a) 击穿强度

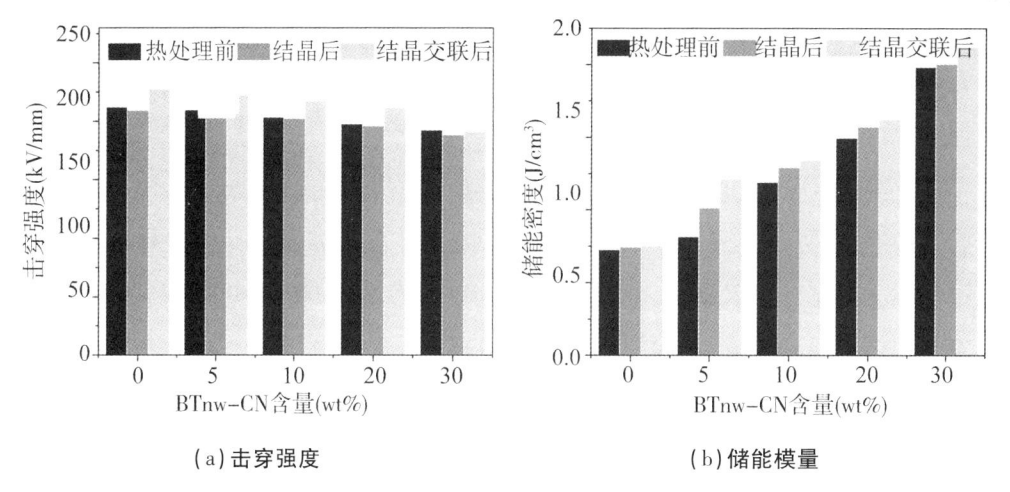

(b) 储能模量

图 6-7 含不同 BTnw-CN 含量的 BTnw-CN/PEN 复合薄膜在热处理前后的储能性能

6.3. 本章小结

本章工作首先合成了结晶交联型聚芳醚腈（HQ/BP-PEN-c-ph）作为聚合物基体，采用水热法制得的一维 BT 纳米线为主要高介电组分填料，并将其引入 BP-PEN-ph 基体中得到聚芳醚腈基纳米复合材料电介质薄膜。为提高 BTnw 与聚芳醚腈基质间的相容性，采用 4-硝基邻苯二甲腈对 BTnw 进行表面氰基官能化，得到一维 BTnw-CN 纳米线，通过对 BTnw-CN 在 BP-PEN-ph 中填料含量的调控，制备出不同含量的 BTnw-CN/PEN 纳米复合材料，并详细地研究了填料含量以及后续热处理对复合薄膜性能的影响。主要结论如下：

（1）利用溶液流延法将 BTnw-CN 引入 BP-PEN-ph 基体中，通过对填料含量的调控制备出不同含量的 BTnw-CN/PEN 复合电介质薄膜。所有复合薄膜的玻璃化转变温度 T_g 均大于 165 ℃，且 T_g 随着填料量增加而升高。经 260 ℃ 处理结晶后的复合薄膜出现明显熔融峰，且 BTnw-CN 含量为 10wt% 时具有最大熔融焓 17.31 J/g。经 320 ℃ 处理 2 h 发生交联反应后的复合薄

膜的 T_g 进一步提高,且复合物薄膜中产生了更完善的晶体,但结晶程度相对较低。当 BTnw-CN 的含量为 30wt% 时,T_g 达到 205.46 ℃,相较于热处理前的纯膜提升 22.3%,具有优异的耐温特性。

(2) BTnw-CN/PEN 复合薄膜的力学性能随填料含量的增加呈现先增加后减少的趋势,但填料填充量达到 30wt% 的复合薄膜的拉伸强度和弹性模量仍高于纯聚芳醚腈薄膜,均超过 100 MPa 和 2 300 MPa。热处理后的薄膜力学性能进一步增强,当填料含量为 10wt% 时,达到峰值。结晶交联后的复合电介质薄膜的拉伸强度达到 115.37 MPa,弹性模量则达到 2 908.88 MPa,相较于热处理前提升了 13.9% 及 27.6%,具有更优秀的力学性能。

(3) 由于大量高介电陶瓷纳米线 BTnw-CN 的引入,在外加电场下,复合材料电介质薄膜的介电常数明显提升。在电场频率 1000 Hz 下,纯聚芳醚腈的介电常数为 3.64,引入 30wt% BTnw-CN 后,介电常数提升至 12.11,且介电损耗仍能保持在 0.035 以下。当复合材料薄膜经过热处理结晶后,介电常数进一步提升,当 BTnw-CN 的含量为 30wt% 时,聚合物复合材料薄膜的介电常数达到 12.76。进一步热处理使 PEN 基质中产生交联网状结构后,由于聚合物中大量的极性基团氰基被消耗,介电常数及损耗相较于交联前都略有下降,但 30wt% 填充量的 BTnw-CN/PE-c-phN 薄膜的介电常数仍高于 11,介电损耗则降低到 0.025 以下,储能密度高达 2.13 J/cm^3,具有优秀的介电性能。

(4) 综合 BTnw-CN/PEN-c-ph 薄膜的各项性能,复合薄膜在热处理前后均具有优秀的耐高温、力学性能强、介电常数高、损耗低,以及有较高的储能密度。这些结果说明:可结晶交联型聚芳醚腈与可交联的钛酸钡纳米线构成复合材料后进行先结晶、后交联历程,可形成复合材料的增强相、结晶相和交联网络,从而在复合材料中形成复杂的微纳结构,这些结构可以通过纳米材料含量、结晶控制、交联控制等得到调整。

第七章

总结、创新点与展望

7.1 研究总结

本书以不同形态结构的聚芳醚腈为聚合物基体,利用具有不同微纳结构的零维钛酸钡纳米粒子、一维钛酸钡纳米线、二维氧化石墨烯纳米片通过物理及化学包覆等手段构筑多种微纳结构填料,并和具有不同形态结构的聚芳醚腈基体树脂构建得到聚芳醚腈复合薄膜材料。通过溶液共混流延法制备得到聚芳醚腈纳米复合材料电介质薄膜,并详细研究了不同微纳结构填料和不同聚集态结构对聚芳醚腈复合材料薄膜热性能、力学性能、介电性能、储能性能的影响。本书主要研究结论如下:

(1)对于无定形 HQ/BP 型聚芳醚腈基体树脂,基于零维纳米钛酸钡(BT)表面的羧基化酞菁锌(ZnPc)调控接枝修饰构筑维纳结构,制备出了具有不同酞菁锌有机壳层厚度的 BT@ZnPc 功能纳米粒子,改善了 BT 与聚芳醚腈基体的相容性,增强了复合材料的热性能、力学性能和介电性能,得到了玻璃化转变温度高于 167 ℃、介电常数高达 6.05、介电损耗小于 0.002 的聚芳醚腈纳米复合材料薄膜,其具有 0.90 J/cm^3 的储能密度。

(2)基于氧化石墨烯纳米片表面原位生长有机金属框 UiO-66-NH$_2$ 构建了具有三维微纳结构的纳米团簇(M@G),利用 MOF 有机层改善 GO 在 PEN 基质中的团聚现象,增强复合物体系的各性能,当复合薄膜中 i-G@M-

2 的填充量为 4wt% 时，击穿强度为 154.97 kV/mm，有效提升了 PEN 复合电介质的储能性能。通过 Ca^{2+} 粒子的静电吸附构建了核壳结构的钛酸钡（BT@ZnPc-2）与氧化石墨烯的三维纳米材料（BT@ZnPc-2@GO）。在改善了填料与聚芳醚腈基体树脂间的相容性的同时，利用无机填料与聚芳醚腈的缠结相容，增强了无定形聚芳醚腈的力学性能，大幅度提高了无定形聚芳醚腈的玻璃化转变温度，获得了介电常数高达 6.2 的低介电损耗纳米复合材料薄膜。

(3) 设计合成了结晶性聚芳醚腈，基于零维纳米碳酸钡表面原位生长聚脲有机层，构建了具有核壳结构的纳米碳酸钡（BT@PUA），其在结晶性聚芳醚腈纳米复合材料中展现了很强的相容性，促进了聚芳醚腈的冷结晶行为。同时，获得了一系列可调控的高热稳定性的高强度结晶性聚芳醚腈/纳米钛酸钡复合材料电介质薄膜，构建了聚芳醚腈纳米复合材料的纳米增强相和聚合物结晶相并存的复合材料相结构，其介电常数可达 7.0，介电损耗小于 0.02。

(4) 设计合成了双邻苯二甲腈封端的可交联聚芳醚腈基体树脂；通过水热法成功制备了高长径比的碳酸钡纳米线，获得了高长径比的表面氰基官能化的钛酸钡纳米线（BTnw），制得了相容性高的原位交联聚芳醚腈纳米复合材料电介质薄膜，构建了具有纳米增强相和交联网络协调作用的复合材料微纳结构；获得了拉伸强度高达 120 MPa，玻璃化转变温度为 270 ℃，介电常数高于 12，储能密度达到 1.99 J/cm³，介电损耗小于 0.025 的纳米复合电介质薄膜。

(5) 设计合成了可结晶可交联聚芳醚腈基体树脂，构建了钛酸钡纳米线增强相、聚芳醚腈结晶相与交联网络并存的聚芳醚腈纳米复合材料；得到了拉伸强度高于 115 MPa，玻璃化转变温度为 205.46 ℃，介电常数大于 12.11，储能密度高达 2.13 J/cm³，介电损耗小于 0.025 的聚芳醚腈/碳酸钡纳米线复合材料电介质薄膜。

7.2 主要创新点

(1) 通过调控聚芳醚腈合成中二元酚的单体结构和配比，实现对聚芳醚腈不同结构形态等聚集态结构的控制合成。

(2) 提出了纳米相、聚芳醚腈结晶相与交联网络并存的纳米复合材料制备方法，获得了高介电耐高温聚芳醚腈纳米复合材料电介质薄膜。

(3) 通过化学键合方法构筑了零维、一维、二维的功能化的微纳结构填料，揭示了不同形态、维度纳米材料对不同形态结构的聚芳醚腈纳米复合电介质薄膜的制备与性能的关系，奠定了耐高温高储能密度电容器薄膜材料应用开发的技术途径。

7.3 研究展望

本书通过对填料微纳结构及聚芳醚腈聚集态结构的调控，双向设计协同增强聚芳醚腈基复合电介质薄膜的各项性能。通过本书的研究可知，根据聚芳醚腈聚集态特点而选择合适的填料并对其进行改性，可获得具有更高综合性能的复合材料。在此基础上，仍有以下工作值得进一步探究：

(1) 对于可结晶型聚芳醚腈基体，由于聚合物的结晶行为会影响复合电介质薄膜的介电性能，且影响聚合物结晶的因素较多，本书仅对单一填料的有机层修饰与否对聚合物结晶行为进行研究。因此，下一步还可从填料选择、热处理温度及测试样品拉伸等其他方式，进一步探索其对聚芳醚腈基复合薄膜介电性能的影响。

(2) 本书文均采用溶液流延法所制备的单层薄膜进行测试，后续还可通过不同方式获得多层及不同填料、不同填料浓度梯度的多层聚芳醚腈基纳米复合介质薄膜，研究多层薄膜对复合电介质各性能的具体影响。

(3)除研究介电性能的测试除介电常数、介电损耗和击穿强度外，下一步还可通过铁电仪对电介质材料的电滞回线、漏电流进行测试，同时可通过多种模拟软件对复合电介质中的填料填充情况、理论击穿强度等进行模拟。例如，有限元分析软件可以对电介质中的电场分布进行计算，从而预测材料的击穿强度。通过对不同填料类型、形状、分布和含量等参数的模拟，可以优化复合电介质的介电性能和击穿强度，提高电介质的应用性能和可靠性。

(4)本书主要采用钛酸钡作为主组分填料，填料组分较为单一。后续工作可以选用更多种的铁电材料如钛酸锶钡、铌酸锂等，并与其他种类电介质如金属粒子、多壁碳纳米管、氧化石墨烯等复配组成多组分填料，以进一步提升电介质复合薄膜的介电常数、降低介电损耗为目标，构筑具有更强介电性能的聚合物基复合电介质材料。此外，可以采用不同的复合工艺和制备方法，如溶胶-凝胶法、湿法化学合成法、共沉淀法等，以进一步优化复合电介质的结构和性能。还可以将复合电介质材料应用于电子器件和电力设备中，通过实际应用测试和性能评估，进一步验证其介电性能和可靠性，为其实际应用提供支持。

参考文献

[1] MENG N, REN X, SANTAGIULIANA G, et al. Ultrahigh β-phase content poly (vinylidene fluoride) with relaxor-like ferroelectricity for high energy density capacitors[J]. Nature Communications, 2019, 10(1): 4535.

[2] HAO X. A review on the dielectric materials for high energy-storage application[J]. Journal of Advanced Dielectrics, 2013, 3(1): 1330001.

[3] GUNEY M S, TEPE Y. Classification and assessment of energy storage systems[J]. Renewable and Sustainable Energy Reviews, 2017, 75: 1187-1197.

[4] KOUSKOU T, BRUEL P, JAMIL A, et al. Energy storage: Applications and challenges[J]. Solar Energy Materials and Solar Cells, 2014, 120: 59-80.

[5] PANWAR N L, KAUSHIK S C, KOTHARI S. Role of renewable energy sources in environmental protection: A review[J]. Renewable and Sustainable Energy Reviews, 2011, 15(3): 1513-1524.

[6] YAO Z, SONG Z, HAO H, et al. Homogeneous/Inhomogeneous-structured dielectrics and their energy-storage performances[J]. Advanced Materials, 2017, 29(20): 1601727.

[7] HALL P J, BAIN E J. Energy-storage technologies and electricity generation[J]. Energy Policy, 2008, 36(12): 4352-4355.

[8] EL-KADY M F, STRONG V, DUBIN S, et al. Laser scribing of high-performance and flexible graphene-based electrochemical capacitors[J]. Science, 2012, 335(6074): 1326-1330.

[9] KOETZ R, CARLEN M. Principles and applications of electrochemical capacitors[J].

Electrochimica Acta, 2000, 45(15): 2483-2498.

[10] SUN W, MAO J, WANG S, et al. Review of recent advances of polymer based dielectrics for high-energy storage in electronic power devices from the perspective of target applications[J]. Frontiers of Chemical Science and Engineering, 2021, 15(1): 18-34.

[11] GNONHOUE O G, VELAZQUEZ-SALAZAR A, DAVID É, et al. Review of technologies and materials used in high-voltage film capacitors[J]. Polymers, 2021, 13(5): 766.

[12] REN G, MA G, CONG N. Review of electrical energy storage system for vehicular applications[J]. Renewable and Sustainable Energy Reviews, 2015, 41: 225-236.

[13] DU X, DU L, CAI X, et al. Dielectric elastomer wave energy harvester with self-bias voltage of an ancillary wind generator to power for intelligent buoys[J]. Energy Conversion and Management, 2022, 253: 115178.

[14] JOW T R, MACDOUGALL F W, ENNIS J B, et al. Pulsed power capacitor development and outlook[C]//2015 IEEE Pulsed Power Conference (PPC). IEEE, 2015: 1-7.

[15] McNab I R. Large-scale pulsed power opportunities and challenges[J]. IEEE Transactions on Plasma Science, 2014, 42(5): 1118-1127.

[16] HONG K, LEE T H, SUH J M, et al. Perspectives and challenges in multilayer ceramic capacitors for next generation electronics[J]. Journal of Materials Chemistry C, 2019, 7(32): 9782-9802.

[17] HUAI K, ROBERTSON M, CHE J, et al. Recent progress in developing polymer nanocomposite membranes with ingenious structures for energy storage capacitors[J]. Materials Today Communications, 2023, 34: 105140.

[18] BURKE A. R&D considerations for the performance and application of electrochemical capacitors[J]. Electrochimica Acta, 2007, 53(3): 1083-1091.

[19] FENG Q, ZHONG S, PEI J, et al. Recent progress and future prospects on all-organic polymer dielectrics for energy storage capacitors[J]. Chemical Reviews, 2022, 122(3): 3820-3878.

[20] HU Z, WANG Y, LIU X, et al. Rational design of POSS containing low dielectric resin for SLA printing electronic circuit plate composites[J]. Composites Science and Technology, 2022, 223: 109403.

[21] SARJEANT W J, ZIRNHELD J, MACDOUGALL F W. Capacitors[J]. IEEE Transactions on Plasma Science, 1998, 26(5): 1368-1392.

[22] WU H, ZHUO F, QIAO H, et al. Polymer-/ceramic-based dielectric composites for energy storage and conversion[J]. Energy & Environmental Materials, 2022, 5(2): 486-514.

[23] CHEN Q, SHEN Y, ZHANG S, et al. Polymer-based dielectrics with high energy storage density[J]. Annual Review of Materials Research, 2015, 45(1): 433-458.

[24] HU Z, LIU X, REN T, et al. Research progress of low dielectric constant polymer materials[J]. Journal of Polymer Engineering, 2022, 42(8): 677-687.

[25] WANG Q, LIU X, QIANG Z, et al. Cellulose nanocrystal enhanced, high dielectric 3D printing composite resin for energy applications[J]. Composites Science and Technology, 2022, 227: 109601.

[26] DANG Z, YUAN J, YAO S, et al. Flexible nanodielectric materials with high permittivity for power energy storage[J]. Advanced Materials, 2013, 25(44): 6334-6365.

[27] 段翔远. 特种工程塑料聚醚醚酮应用进展[J]. 化工新型材料, 2013, 41(5): 183-185.

[28] 佟伟. 聚苯硫醚摩擦复合材料的研究[D]. 成都：四川大学, 2006: 23-24.

[29] 潘晓娣, 戴钧明, 钱明球. 聚酰亚胺薄膜的国内外开发进展[J]. 合成技术及应用, 2018, 33(2): 22-28.

[30] 赵丽萍, 寇开昌, 吴广磊, 等. 聚酰亚胺合成及改性的研究进展[J]. 工程塑料应用, 2012, 40(12): 108-111.

[31] SAXENA A, SADHANA R, RAO V L, et al. Synthesis and properties of poly ether nitrile sulfone copolymers with pendant methyl groups[J]. Journal of Applied Polymer Science, 2006, 99(4): 1303-1309.

[32] KUMAR D, RAJMOHAN T, VENKATACHALAPATHI S. Wear behavior of PEEK matrix composites: a review[J]. Materials Today: Proceedings, 2018, 5(6): 14583-14589.

[33] KURTZ S M, DEVINE J N. PEEK biomaterials in trauma, orthopedic, and spinal implants[J]. Biomaterials, 2007, 28(32): 4845-4869.

[34] XING P X, ROBERTSON G P, GUIVER M D, et al. Synthesis and characterization of sulfonated poly(ether ether ketone) for proton exchange membranes[J]. Journal of Membrane Science, 2004, 229(1-2): 95-106.

[35] YANG R, WEI R, LI K, et al. Crosslinked polyarylene ether nitrile film as flexible dielectric materials with ultrahigh thermal stability[J]. Sci Rep, 2016, 6: 36434.

[36] ZUO P, TCHARKHTCHI A, SHIRINBAYAN M, et al. Overall Investigation of Poly (Phenylene Sulfide) from Synthesis and Process to Applications—A Review[J]. Macromolecular Materials and Engineering, 2019, 304(5): 1800686.

[37] RAHATE A S, NEMADE K R, WAGHULEY S A. Polyphenylene sulfide (PPS): state of the art and applications[J]. Reviews in Chemical Engineering, 2013, 29(6): 471-489.

[38] TANG H, WANG P, ZHENG P, et al. Core-shell structured BaTiO3@polymer hybrid nanofiller for poly(arylene ether nitrile) nanocomposites with enhanced dielectricproperties and high thermal stability[J]. Composites Science and Technology, 2016, 123: 134-142.

[39] SUMNER M, HARRISON W, WEYERS R, et al. Novel proton conducting sulfonated poly(arylene ether) copolymers containing aromatic nitriles[J]. Journal of Membrane Science, 2004, 239(2): 199-211.

[40] PISANI W A, RADEUE M S, CHINKANJANAROT S, et al. Multiscale modeling of PEEK using reactive molecular dynamics modeling and micromechanics[J]. Polymer, 2019, 163: 96-105.

[41] JIANG Z, LIU P, SUE H-J, et al. Effect of annealing on the viscoelastic behavior of poly(ether-ether-ketone)[J]. Polymer, 2019, 160: 231-237.

[42] ARNOULT M, DARGENT E, MANO J F. Mobile amorphous phase fragility in semi

－crystalline polymers: Comparison of PET and PLLA[J]. Polymer, 2007, 48(4): 1012－1019.

[43] HE L, TONG L, BAI Z, et al. Investigation of the controllable thermal curing reaction for ultrahigh Tg polyarylene ether nitrile compositions[J]. Polymer, 2022, 254: 125064.

[44] HE L, TONG L, XIA Y, et al. Advanced composites based on end－capped polyarylene ether nitrile/bisphthalonitrile with controllable thermal curing reaction [J]. Polymer, 2022, 245: 124695.

[45] 阮汝祥, 姜振华, 王贵宾, 等. 聚醚醚酮/聚醚醚酮酮共混体系的熔融和等温结晶行为[J]. 高等学校化学学报, 2000(7): 1130－1133.

[46] BLUNDELL D J, OSBORN B. The morphology of poly (aryl－ether－ether－ketone)[J]. Polymer, 1983, 24(8): 953－958.

[47] LIU T, WANG S, MO Z, et al. Crystal structure and drawing－induced polymorphism in poly (aryl ether ether ketone). IV[J]. Journal of Applied Polymer Science, 1999, 73(2): 237－243.

[48] ZUO L, LI K, REN D, et al. Surface modification of aramid fiber by crystalline polyarylene ether nitrile sizing for improving interfacial adhesion with polyarylene ether nitrile[J]. Composites Part B: Engineering, 2021, 217: 108917.

[49] ZIMMERMANN H, KÖNNECKE K. Crystallization of poly (aryl ether ketones): 3. The crystal structure of poly (ether ether ketone ketone) (PEEKK)[J]. Polymer, 1991, 32(17): 3162－3169.

[50] ZHU Y, LUO Y, TANG X, et al. Enhanced thermal conductivity of polyarylene ether nitrile composites blending hexagonal boron nitride[J]. Journal of Applied Polymer Science, 2023, 140(10): e53597.

[51] LI T, LIN G, HE L, et al. Structural design and properties of crystalline polyarylene ether nitrile copolymer [J]. Colloids and Surfaces A: Physicochemical and Engineering Aspects, 2023, 659: 130788.

[52] LI J, ZHANG S, LIU X. Synthesis of phenolphthalein/bisphenol A－based poly (arylene ether nitrile) copolymers: Preparation and properties of films[J]. Journal of

Applied Polymer Science, 2023, 140(5): e53407.

[53] HE L, LIN G, LIU X, et al. Polyarylene ether nitrile composites film with self-reinforcing effect by cross-linking and crystallization synergy[J]. Polymer, 2022, 262: 125457.

[54] LUO Y, TONG L, ZHU Y, et al. Polyarylene ether nitrile/graphene oxide dielectric nanocomposite plasticized by silicone powder[J]. Journal of Physics and Chemistry of Solids, 2022, 171: 111045.

[55] XIA Y, ZHANG S, TONG L, et al. Enhanced effect of phenyl silane-modified hexagonal boron nitride nanosheets on the corrosion protection behavior of poly(arylene ether nitrile) coating[J]. Colloids and Surfaces A: Physicochemical and Engineering Aspects, 2022, 652: 129869.

[56] FINK J K. Poly(arylene ether nitrile)s[M]. Elsevier Inc., 2008: 12.

[57] 刘孝波, 唐海龙, 杨建, 等. 聚芳醚腈[M]. 北京: 科学出版社, 2012: 34-36

[58] TONG L, HE L, ZHAN C, et al. Poly(arylene ether nitrile) dielectric film modified by Bi_2S_3/rGO-CN fillers for high temperature resistant electronics fields[J]. Chinese Journal of Polymer Science, 2022, 40(11): 1441-1450.

[59] CAO T, WANG L, LIN G, et al. Cross-linked porous polyarylene ether nitrile films with ultralow dielectric constant and superior mechanical properties[J]. Polymer, 2022, 259: 125361.

[60] TANG X, LIN G, LIU C, et al. Lightweight and tough multilayered composite based on poly(aryl ether nitrile)/carbon fiber cloth for electromagnetic interference shielding[J]. Colloids and Surfaces A: Physicochemical and Engineering Aspects, 2022, 650: 129578.

[61] LIU T, XU M, BAI Z, et al. Toughening effect of poly(arylene ether nitrile) on phthalonitrile resin and fiber reinforced composites[J]. Journal of Materials Science, 2022, 57(39): 18343-18355.

[62] ZHU Y, TONG L, LIU X. Synthesis and properties of polyarylene ether nitrile random copolymer containing naphthalene and biphenyl structure[J]. High Performance Polymers, 2022, 34(7): 788-796.

[63] ZUO L, WU C, TONG L, et al. Improving interfacial properties of polyarylene ether nitrile/aramid fiber composite through hydrogen bonding interaction combined with molecular weight adjustment[J]. Journal of Physics and Chemistry of Solids, 2022, 161: 110474.

[64] 喻桂朋. 含芳基均三嗪环耐高温聚合物的研究[D]. 大连理工大学, 2009: 27-29

[65] 蹇锡高, 刘程, 喻桂朋, 等. 邻苯二甲腈封端-含二氮杂萘酮联苯结构可溶性聚芳醚树脂、固化物及其制备法: CN101619131[P]. 2010-01-06.

[66] LIU C, LIU S, FENG X, et al. Fluorinated poly(aryl ether nitrile)s containing pendant cyclohexyl groups toward low k materials[J]. Journal of Physics: Conference Series, 2022, 2338(1): 012034.

[67] ZHANG S, YE J, LIU X. Constructing conductive network using 1D and 2D conductive fillers in porous poly(aryl ether nitrile) for EMI shielding[J]. Colloids and Surfaces A: Physicochemical and Engineering Aspects, 2023, 656: 130414.

[68] LAKSHAMANA RAO V, SAXENA A, NINAN K. Poly(arylene ether nitriles)[J]. Journal of Macromolecular Science, Part C: Polymer Reviews, 2002, 42(4): 513-540.

[69] WU C, ZUO L, TONG L, et al. Effect of isothermal heat treatment and thermal stretching on the properties of crystalline poly(arylene ether nitrile)[J]. Journal of Physics and Chemistry of Solids, 2022, 160: 110335.

[70] WU C, TONG L, ZHANG W, et al. Synthesis, characterization, and properties of poly(arylene ether nitrile) with high crystallinity and high molecular weight[J]. Journal of Physics and Chemistry of Solids, 2021, 154: 109945.

[71] TONG L, WANG Y, YOU Y, et al. Effect of plasticizer and shearing field on the properties of poly(arylene ether nitrile) composites[J]. ACS Omega, 2020, 5(4): 1870-1878.

[72] YU G P, WANG J Y, LIU C, et al. Soluble and curable poly(phthalazinone ether amide)s with terminal cyano groups and their crosslinking to heat resistant resin[J]. Polymer, 2009, 50(7): 1700-1708.

[73] YOU Y, LIU S, TU L, et al. Controllable fabrication of poly(arylene ether nitrile) dielectrics for thermal-resistant film capacitors[J]. Macromolecules, 2019, 52(15): 5850-5859.

[74] ZOU Y, YANG J, ZHAN Y, et al. Effect of curing behaviors on the properties of poly(arylene ether nitrile) end-capped with phthalonitrile[J]. Journal of Applied Polymer Science, 2012, 125(5): 3829-3835.

[75] TU L, YOU Y, TONG L, et al. Crystallinity of poly(arylene ether nitrile) copolymers containing hydroquinone and bisphenol A segments[J]. Journal of Applied Polymer Science, 2018, 135(26): 46412.

[76] WANG Y, YOU Y, TU L, et al. Mechanical and dielectric properties of crystalline poly(arylene ether nitrile) copolymers[J]. High Performance Polymers, 2018, 31(3): 310-320.

[77] CHEN Y, TONG L, LIN G, et al. SWCNTs/phthalocyanine polymer composite derived nitrogen self-doped graphene-like carbon for high-performance supercapacitors electrodes[J]. Materials Chemistry and Physics, 2022, 277: 125433.

[78] QI Q, LEI Y, LIU X. Preparation of bisphenol A polyaryl ether nitrile microporous foam[J]. IOP Conference Series: Earth and Environmental Science, 2021, 781(5): 052016.

[79] PU Z, TONG L, FENG M, et al. Influence of hyperbranched copper phthalocyanine grafted carbon nanotubes on the dielectric and rheological properties of polyarylene ether nitriles[J]. RSC Advances, 2015, 5(88): 72028-72036.

[80] YANG X, WANG Z, ZHAN Y, et al. Different filler effect of carbon nanotube and graphene nanoplatelet in the poly(arylene ether nitrile) matrix[J]. Polymer International, 2013, 62(4): 629-637.

[81] ZHAN Y, YANG X, GUO H, et al. Cross-linkable nitrile functionalized graphene oxide/poly(arylene ether nitrile) nanocomposite films with high mechanical strength and thermal stability[J]. Journal of Materials Chemistry, 2012, 22(12): 5602-5608.

[82] YUAN Y, XU M, PAN H, et al. Secondary dispersion of BaTiO3 for the enhanced mechanical properties of the Poly (arylene ether nitrile) - based composite laminates [J]. Polymer Testing, 2018, 66: 164-171.

[83] LEI Y, ZHAO R, XU M, et al. Production of empty and iron - filled multiwalled carbon nanotubes from iron - phthalocyanine polymer and their electromagnetic properties [J]. Journal of Materials Science: Materials in Electronics, 2012, 23(4): 921-927.

[84] REN D, XU M, CHEN S, et al. Curing reaction and properties of a kind of fluorinated phthalonitrile containing benzoxazine [J]. European Polymer Journal, 2021, 159: 110715.

[85] CHEN L, PU Z, YANG J, et al. Synthesis and properties of sulfonated polyarylene ether nitrile copolymers for PEM with high thermal stability [J]. Journal of Polymer Research, 2012, 20(1): 45.

[86] CHEN L, PU Z, LONG Y, et al. Synthesis and properties of sulfonated poly(arylene ether nitrile) copolymers containing carboxyl groups for proton - exchange membranematerials [J]. Journal of Applied Polymer Science, 2014, 131(9): n/a-n/a.

[87] TANG H, PU Z, HUANG X, et al. Novel blue - emitting carboxyl - functionalized poly(arylene ether nitrile)s with excellent thermal and mechanical properties [J]. Polymer Chemistry, 2014, 5(11): 3673.

[88] FENG M, MENG F, PU Z, et al. Introducing magnetic - responsive CNT/Fe$_3$O$_4$ composites to enhance the mechanical properties of sulfonated poly (arylene ether nitrile) proton - exchange membranes [J]. Journal of Polymer Research, 2015, 22(3): 37.

[89] TANG H, YANG J, ZHONG J, et al. Synthesis of high glass transition temperature fluorescent polyarylene ether nitrile copolymers [J]. Materials Letters, 2011, 65(11):

[90] LONG C, WEI R, HUANG X, et al. Mechanical, dielectric, and rheological properties of poly(arylene ether nitrile) - reinforced poly(vinylidene fluoride) [J].

High Performance Polymers, 2017, 29(2): 178-186.

[91] WEI R, LI K, MA J, et al. Improving dielectric properties of polyarylene ether nitrile with conducting polyaniline[J]. Journal of Materials Science: Materials in Electronics, 2016, 27(9): 9565-9571.

[92] GAO L, ZHANG J, SONG L, et al. Low-content core-shell-structured TiO_2 nanobelts@SiO_2 doped with poly(vinylidene fluoride) composites to achieve high-energy storage density[J]. Journal of Materials Science: Materials in Electronics, 2022, 33(23): 18345-18355.

[93] FENG M, ZHANG C, ZHOU G, et al. Enhanced Energy Storage Characteristics in PVDF-Based Nanodielectrics With Core-Shell Structured and Optimized Shape Fillers[J]. IEEE Access, 2020, 8: 81542-81550.

[94] FENG Y, ZHOU Y, ZHANG T, et al. Ultrahigh discharge efficiency and excellent energy density in oriented core-shell nanofiber-polyetherimide composites[J]. Energy Storage Materials, 2020, 25: 180-192.

[95] BI K, BI M, HAO Y, et al. Ultrafine core-shell $BaTiO_3$@SiO_2 structures for nanocomposite capacitors with high energy density[J]. Nano Energy, 2018, 51: 513-523.

[96] HUANG X, PU Z, TONG L, et al. Preparation and dielectric properties of surface modified TiO_3/PEN composite films with high thermal stability and flexibility[J]. Journal of Materials Science: Materials in Electronics, 2012, 23(12): 2089-2097.

[97] ZHANG W, KAI Y, LIN J, et al. Enhancing dielectric and mechanical properties of poly(arylene ether nitrile) based composites by introducing low content "core-shell" like structured MXene&PDA@ $BaTiO_3$[J]. High Performance Polymers, 2021, 33(9): 1061-1073.

[98] YOU Y, WANG Y, TU L, et al. Interface modulation of core-shell structured $BaTiO_3$@polyaniline for novel dielectric materials from its nanocomposite with polyarylene ether nitrile[J]. Polymers, 2018, 10(12): 1378.

[99] XU W, DING Y, JIANG S, et al. Mechanical flexible PI/MWCNTs nanocomposites with high dielectric permittivity by electrospinning[J]. European Polymer Journal,

2014, 59: 129 - 135.

[100] WANG H - Y, YOU Y - B, ZHA J - W, et al. Fabrication of BaTiO$_3$@ super short MWCNTs core - shell particles reinforced PVDF composite films with improved dielectric properties and high thermal conductivity [J]. Composites Science and Technology, 2020, 200: 108405.

[101] LIU G, CHEN Y, GONG M, et al. Enhanced dielectric performance of PDMS - basedthree - phase percolative nanocomposite films incorporating a high dielectric constant ceramic and conductive multi - walled carbon nanotubes [J]. Journal of Materials Chemistry C, 2018, 6(40): 10829 - 10837.

[102] LI K, TONG L, YANG R, et al. In - situ preparation and dielectric properties of silver - polyarylene ether nitrile nanocomposite films [J]. Journal of Materials Science: Materials in Electronics, 2016, 27(5): 4559 - 4565.

[103] JIN F, FENG M, JIA K, et al. Aminophenoxyphthalonitrile modified MWCNTs/ polyarylene ether nitriles composite films with excellent mechanical, thermal, dielectric properties [J]. Journal of Materials Science: Materials in Electronics, 2015, 26(7): 5152 - 5160.

[104] JIANG J, SHEN Z, CAI X, et al. Polymer Nanocomposites with Interpenetrating Gradient Structure Exhibiting Ultrahigh Discharge Efficiency and Energy Density [J]. Advanced Energy Materials, 2019, 9(15): 1803411.

[105] ZHANG X, CHEN W, WANG J, et al. Hierarchical interfaces induce high dielectric permittivity in nanocomposites containing TiO$_2$@BaTiO$_3$ nanofibers [J]. Nanoscale, 2014, 6(12): 6701 - 6709.

[106] WANG Y, ZHOU X, CHEN Q, et al. Recent development of high energy density polymers for dielectric capacitors [J]. IEEE Transactions on Dielectrics and Electrical Insulation, 2010, 17(4): 1036 - 1042.

[107] ZHU L, WANG Q. Novel ferroelectric polymers for high energy density and low loss dielectrics [J]. Macromolecules, 2012, 45(7): 2937 - 2954.

[108] LI Q, WANG Q. Ferroelectric polymers and their energy - related applications [J]. Macromolecular Chemistry and Physics, 2016, 217(11): 1228 - 1244.

[109] LI H, LIU F, FAN B, et al. Nanostructured ferroelectric – polymer composites for capacitive energy storage[J]. Small Methods, 2018, 2(6): 1700399.

[110] LI Q, YAO F – Z, LIU Y, et al. High – temperature dielectric materials for electrical energy storage[J]. Annual Review of Materials Research, 2018, 48(1): 219 – 243.

[111] FENG M, FENG Y, ZHANG T, et al. Recent advances in multilayer – structure dielectrics for energy storage application [J]. Advanced Science, 2021, 8(23): 2102221.

[112] ZHANG Z, CHUNG T C M. The structure-property relationship of poly(vinylidene difluoride) – based polymers with energy storage and loss under applied electric fields[J]. Macromolecules, 2007, 40(26): 9391 – 9397.

[113] LUO B, WANG X, TIAN E, et al. Enhanced energy – storage density and high efficiency of lead – free $CaTiO_3$ – $BiScO_3$ linear dielectric ceramics[J]. ACS Applied Materials & Interfaces, 2017, 9(23): 19963 – 19972.

[114] OGIHARA H, RANDALL C A, TROILER – MCKINSTRY S. High – energy density capacitors utilizing 0.7 $BaTiO_{3-0.3}$ $BiScO_3$ ceramics[J]. Journal of the American Ceramic Society, 2009, 92(8): 1719 – 1724.

[115] CORREIA T M, MCMILLEN M, ROKOSZ M K, et al. A lead – free and high – energy density ceramic for energy storage applications[J]. Journal of the American Ceramic Society, 2013, 96(9): 2699 – 2702.

[116] AHN C W, AMARSANAA G, WON S S, et al. Antiferroelectric thin – film capacitors with high energy – storage densities, low energy losses, and fast discharge times[J]. ACS Applied Materials & Interfaces, 2015, 7(48): 26381 – 26386.

[117] ZHU X, SHI P, LOU X, et al. Remarkably enhanced energy storage properties of lead – free $Ba_{0.53}Sr_{0.47}TiO_3$ thin films capacitors by optimizing bottom electrode thickness[J]. Journal of the European Ceramic Society, 2020, 40(15): 5475 – 5482.

[118] ZEBOUCHI N, BENDAOU M, ESSOLBI R, et al. Electrical breakdown theories

applied to polyethylene terephthalate films under the combined effects of pressure and temperature[J]. Journal of Applied Physics, 1996, 79(5): 2497-2501.

[119] WATSON J, CASTRO G. A review of high-temperature electronics technology and applications[J]. Journal of Materials Science: Materials in Electronics, 2015, 26(12): 9226-9235.

[120] MARTINS P, LOPES A C, LANZEROS-MENDEZ S. Electroactive phases of poly(vinylidene fluoride): Determination, processing and applications[J]. Progress in Polymer Science, 2014, 39(4): 683-706.

[121] KIM P, DOSS N M, TILLOTSON J P, et al. High energy density nanocomposites based on surface-modified $BaTiO_3$ and a ferroelectric polymer[J]. ACS Nano, 2009, 3(9): 2581-2592.

[122] YU K, NIU Y, ZHOU Y, et al. Nanocomposites of surface-modified $BaTiO_3$ nanoparticles filled ferroelectric polymer with enhanced energy density[J]. Journal of the American Ceramic Society, 2013, 96(8): 2519-2524.

[123] YU K, WANG H, ZHOU Y, et al. Enhanced dielectric properties of $BaTiO_3$/poly(vinylidene fluoride) nanocomposites for energy storage applications[J]. Journal of Applied Physics, 2013, 113(3): 034105.

[124] FU J, HOU Y, ZHENG M, et al. Improving dielectric properties of PVDF composites by employing surface modified strong polarized $BaTiO_3$ particles derived by molten salt method[J]. ACS Applied Materials & Interfaces, 2015, 7(44): 24480-24491.

[125] LUO H, ZHANG D, JIANG C, et al. Improved dielectric properties and energy storage density of poly(vinylidene fluoride-co-hexafluoropropylene) nanocomposite with hydantoin epoxy resin coated $BaTiO_3$[J]. ACS Applied Materials & Interfaces, 2015, 7(15): 8061-8069.

[126] LI J, CLAUDE J, NORENA-FRANCO L E, et al. Electrical energy storage in ferroelectric polymer nanocomposites containing surface-functionalized $BaTiO_3$ nanoparticles[J]. Chemistry of Materials, 2008, 20(20): 6304-6306.

[127] XIE Y, YU Y, FENG Y, et al. Fabrication of stretchable nanocomposites with high

energy density and low loss from cross-linked PVDF filled with poly(dopamine) encapsulated BaTiO$_3$[J]. ACS Applied Materials & Interfaces, 2017, 9(3): 2995-3005.

[128] MA J, ZHANG Y, ZHANG Y, et al. Constructing nanocomposites with robust covalent connection between nanoparticles and polymer for high discharged energy density and excellent tensile properties[J]. Journal of Energy Chemistry, 2022, 68: 195-205.

[129] LI J, SEOK S I, CHU B, et al. Nanocomposites of ferroelectric polymers with TiO$_2$ nanoparticles exhibiting significantly enhanced electrical energy density[J]. Advanced Materials, 2009, 21(2): 217-221.

[130] LI J, KHANCHAITIT P, HAN K, et al. New route toward high-energy-density nanocomposites based on chain-end functionalized ferroelectric polymers[J]. Chemistry of Materials, 2010, 22(18): 5350-5357.

[131] TANG H, SODANO H A. High energy density nanocomposite capacitors using non-ferroelectric nanowires[J]. Applied Physics Letters, 2013, 102(6): 063901.

[132] CHEN S-S, HU J, GAO L, et al. Enhanced breakdown strength and energy density in PVDF nanocomposites with functionalized MgO nanoparticles[J]. RSC Advances, 2016, 6(40): 33599-33605.

[133] YAO L, PAN Z, LIU S, et al. Significantly enhanced energy density in nanocomposite capacitors combining the TiO$_2$ nanorod array with poly(vinylidene fluoride)[J]. ACS Applied Materials & Interfaces, 2016, 8(39): 26343-26351.

[134] LI L, FENG R, ZHANG Y, et al. Flexible, transparent and high dielectric-constant fluoropolymer-based nanocomposites with a fluoride-constructed interfacial structure[J]. Journal of Materials Chemistry C, 2017, 5(44): 11403-11410.

[135] WANG G, HUANG X, JIANG P. Bio-inspired polydopamine coating as a facile approach to constructing polymer nanocomposites for energy storage[J]. Journal of Materials Chemistry C, 2017, 5(12): 3112-3120.

[136] LI H, YANG T, ZHOU Y, et al. Enabling high-energy-density high-efficiency

ferroelectric polymer nanocomposites with rationally designed nanofillers[J]. Advanced Functional Materials, 2021, 31(1): 2006739.

[137] ZHANG Q, ZHANG Z, XU N, et al. Dielectric properties of P(VDF-TrFE-CTFE) composites filled with surface-coated TiO2 nanowires by SnO2 nanoparticles[J]. Polymers, 2020, 12(1): 85.

[138] QI L, LEE B I, CHEN S, et al. High-dielectric-constant silver-epoxy composites as embedded dielectrics[J]. Advanced Materials, 2005, 17(14): 1777-1781.

[139] DANG Z, ZHANG Y, TJONG S C. Dependence of dielectric behavior on the physical property of fillers in the polymer-matrix composites[J]. Synthetic Metals, 2004, 146(1): 79-84.

[140] DANG Z, WANG L, YIN Y, et al. Giant dielectric permittivities in functionalized carbon-nanotube/electroactive-polymer nanocomposites[J]. Advanced Materials, 2007, 19(6): 852-857.

[141] JOHNSON R W, EVANS J L, JACOBSEN P, et al. The changing automotive environment: high-temperature electronics[J]. IEEE Transactions on Electronics Packaging Manufacturing, 2004, 27(3): 164-176.

[142] LI Q, CHENG S. Polymer nanocomposites for high-energy-density capacitor dielectrics: Fundamentals and recent progress[J]. IEEE Electrical Insulation Magazine, 2020, 36(2): 7-28.

[143] ZHOU Y, WANG Q. Advanced polymer dielectrics for high temperature capacitive energy storage[J]. Journal of Applied Physics, 2020, 127(24): 240902.

[144] LI H, ZHOU Y, LIU Y, et al. Dielectric polymers for high-temperature capacitive energy storage[J]. Chemical Society Reviews, 2021, 50(11): 6369-6400.

[145] PAN J, LI K, LI J, et al. Dielectric characteristics of poly(ether ketone ketone) for high temperature capacitive energy storage[J]. Applied Physics Letters, 2009, 95(2): 022902.

[146] TAN D, ZHANG L, CHEN Q, et al. High-temperature capacitor polymer films[J]. Journal of Electronic Materials, 2014, 43(12): 4569-4575.

[147] CHENG Z, LIN M, WU S, et al. Aromatic poly(arylene ether urea) with high dipole moment for high thermal stability and high energy density capacitors[J]. Applied Physics Letters, 2015, 106(20): 202902.

[148] HO J S, GREENBAUM S G. Polymer capacitor dielectrics for high temperature applications[J]. ACS Applied Materials & Interfaces, 2018, 10(35): 29189-29218.

[149] SUN W, LU X, JIANG J, et al. Dielectric and energy storage performances of polyimide/BaTiO$_3$ nanocomposites at elevated temperatures[J]. Journal of Applied Physics, 2017, 121(24): 244101.

[150] XU W, YANG G, JIN L, et al. High-k polymer nanocomposites filled with hyperbranched phthalocyanine-coated BaTiO$_3$ for high-temperature and elevated field applications[J]. ACS Applied Materials & Interfaces, 2018, 10(13): 11233-11241.

[151] JIAN G, JIAO Y, MENG Q, et al. Polyimide composites containing confined tetragonality high TC PbTiO$_3$ nanofibers for high-temperature energy storage[J]. Composites Part B: Engineering, 2021, 224: 109190.

[152] MIAO W, CHEN H, PAN Z, et al. Enhancement thermal stability of polyetherimide-based nanocomposites for applications in energy storage[J]. Composites Science and Technology, 2021, 201: 108501.

[153] LI H, AI D, REN L, et al. Scalable polymer nanocomposites with record high-temperature capacitive performance enabled by rationally designed nanostructured inorganic fillers[J]. Advanced Materials, 2019, 31(23): 1900875.

[154] AI D, LI H, ZHOU Y, et al. Tuning nanofillers in in situ prepared polyimide nanocomposites for high-temperature capacitive energy storage[J]. Advanced Energy Materials, 2020, 10(16): 1903881.

[155] REN L, YANG L, ZHANG S, et al. Largely enhanced dielectric properties of polymer composites with HfO$_2$ nanoparticles for high-temperature film capacitors[J]. Composites Science and Technology, 2021, 201: 108528.

[156] REN L, LI H, XIE Z, et al. High-temperature high-energy-density dielectric

polymer nanocomposites utilizing inorganic core – shell nanostructured nanofillers [J]. Advanced Energy Materials, 2021, 11(28): 2101297.

[157] LI H, REN L, AI D, et al. Ternary polymer nanocomposites with concurrently enhanced dielectric constant and breakdown strength for high – temperature electrostatic capacitors[J]. InfoMat, 2020, 2(2): 389–400.

[158] AZIZI A, GADINSKI M R, LI Q, et al. High – performance polymers sandwiched with chemical vapor Deposited Hexagonal Boron Nitrides as Scalable High – Temperature Dielectric Materials [J]. Advanced Materials, 2017, 29 (35): 1701864.

[159] ZHOU Y, LI Q, DANG B, et al. A scalable, high – throughput, and environmentally benign approach to polymer dielectrics exhibiting significantly improved capacitive performance at high temperatures[J]. Advanced Materials, 2018, 30(49): 1805672.

[160] DONG J, HU R, XU X, et al. A facile in situ surface – functionalization approach to scalable laminated high – temperature polymer dielectrics with ultrahigh capacitive performance[J]. Advanced Functional Materials, 2021, 31(32): 2102644.

[161] LU J, MOON K, KIM B, et al. High dielectric constant polyaniline/epoxy composites via in situ polymerization for embedded capacitor applications [J]. Polymer, 2007, 48(6): 1510–1516.

[162] DANG Z, LIN Y, XU H, et al. Fabrication and dielectric characterization of advanced $BaTiO_3$/polyimide nanocomposite films with high thermal stability[J]. Advanced Functional Materials, 2008, 18(10): 1509–1517.

[163] LI W, MENG Q, ZHENG Y, et al. Electric energy storage properties of poly (vinylidene fluoride)[J]. Applied Physics Letters, 2010, 96(19): 192905.

[164] ZHOU T, ZHA J, CUI R, et al. Improving dielectric properties of BaTiO3/ferroelectric polymer composites by employing surface hydroxylated $BaTiO_3$ nanoparticles[J]. ACS Applied Materials & Interfaces, 2011, 3(7): 2184–2188.

[165] YOU Y, HUANG X, PU Z, et al. Enhanced crystallinity, mechanical and dielectric properties of biphenyl polyarylene ether nitriles by unidirectional hot – stretching

[J]. Journal of Polymer Research, 2015, 22(11): 211.

[166] WEI R, TU L, YOU Y, et al. Fabrication of crosslinked single-component polyarylene ether nitrile composite with enhanced dielectric properties[J]. Polymer, 2019, 161: 162-169.

[167] MANSO-SILVÁN M, FUENTES-COBAS L, MARTÍN-PALMA R J, et al. BaTiO3 thin films obtained by sol-gel spin coating[J]. Surface and Coatings Technology, 2002, 151-152: 118-121.

[168] HOSHINA T, WADA S, KUROIWA Y, et al. Composite structure and size effect of barium titanate nanoparticles[J]. Applied Physics Letters, 2008, 93(19): 192914.

[169] SINGH S, SAINI G S S, TRIPATHI S K. Sensing properties of ZnPc thin films studied by electrical and optical techniques[J]. Sensors and Actuators B: Chemical, 2014, 203: 118-121.

[170] CHOPRA D, KONTOPOULOU M, VLASSOPOULOS D, et al. Effect of maleic anhydride content on the rheology and phase behavior of poly(styrene-co-maleic anhydride)/poly(methyl methacrylate) blends[J]. Rheologica Acta, 2002, 41(1): 10-24.

[171] AJJI A, CHOPLIN L, PRUD'HOMME R E. Rheology of polystyrene/poly(vinyl methyl ether) blends near the phase transition[J]. Journal of Polymer Science Part B: Polymer Physics, 1991, 29(13): 1573-1578.

[172] HAVRILIAK S, NEGAMI S. A complex plane representation of dielectric and mechanical relaxation processes in some polymers[J]. Polymer, 1967, 8: 161-210.

[173] FENG X, LONG R, LIU C, et al. Novel dual-heterojunction photocatalytic membrane reactor based on Ag_2S/NH_2-MIL-88B(Fe)/poly(aryl ether nitrile) composite with enhanced photocatalytic performance for wastewater purification[J]. Chemical Engineering Journal, 2023, 454: 139765.

[174] WANG L, DANG Z-M. Carbon nanotube composites with high dielectric constant at low percolation threshold[J]. Applied Physics Letters, 2005, 87(4): 042903.

[175] TONG W, ZHANG Y, YU L, et al. Novel method for the fabrication of flexible film with oriented arrays of graphene in poly (vinylidene fluoride – co – hexafluoropropylene) with low dielectric loss[J]. The Journal of Physical Chemistry C, 2014, 118(20): 10567–10573.

[176] FAN P, WANG L, YANG J, et al. Graphene/poly(vinylidene fluoride) composites with high dielectric constant and low percolation threshold[J]. Nanotechnology, 2012, 23(36): 365702.

[177] WANG L, LIU C, BAI Z, et al. Superhydrophobic ZIF–8/PEN films with ultralow dielectric constant and outstanding mechanical properties[J]. Composites Science and Technology, 2022, 225: 109498.

[178] ZHANG X, FENG Y, TANG S, et al. Preparation of a graphene oxide – phthalocyaninehybrid through strong π – π interactions[J]. Carbon, 2010, 48(1): 211–216.

[179] CHEN Z, LIU Y, FANG L, et al. Role of reduced graphene oxide in dielectric enhancement of ferroelectric polymers composites[J]. Applied Surface Science, 2019, 470: 348–359.

[180] JAYARAMULU K, HORN M, SCHNEEMANN A, et al. Covalent graphene – MOF hybrids for high – performance asymmetric supercapacitors[J]. Advanced Materials, 2021, 33(4): 2004560.

[181] PANG J, KANG Z, WANG R, et al. Exploring the sandwich antibacterial membranes based on UiO–66/graphene oxide for forward osmosis performance[J]. Carbon, 2019, 144: 321–332.

[182] SUN H, TANG B, WU P. Rational design of S–UiO–66@GO hybrid nanosheets for proton exchange membranes with significantly enhanced transport performance[J]. ACS Applied Materials & Interfaces, 2017, 9(31): 26077–26087.

[183] DOAN V C, VU M C, ISLAM M A, et al. Poly (methyl methacrylate) – functionalized reduced graphene oxide – based core – shell structured beads for thermally conductive epoxy composites[J]. Journal of Applied Polymer Science, 2019, 136(9): 47377.

[184] PAN L, JIA K, SHOU H, et al. Unification of molecular NIR fluorescence and aggregation-induced blue emission via novel dendritic zinc phthalocyanines[J]. Journal of Materials Science, 2017, 52(6): 3402-3418.

[185] LIU S, LIU C, LIU C, et al. Polyarylene ether nitrile and barium titanate nanocomposite plasticized by carboxylated zinc phthalocyanine buffer[J]. Polymers, 2019, 11(3): 418.

[186] WANG Z, WEI R, LIU X. Dielectric properties of copper phthalocyanine nanocomposites incorporated with graphene oxide[J]. Journal of Materials Science: Materials in Electronics, 2017, 28(10): 7437-7448.

[187] YOU Y, TU L, WANG Y, et al. Achieving secondary dispersion of modified nanoparticles by hot-stretching to enhance dielectric and mechanical properties of polyarylene ether nitrile composites[J]. Nanomaterials, 2019, 9(7): 1006.

[188] TANG X, YOU Y, MAO H, et al. Improved energy storage density of composite films based on poly(arylene ether nitrile) and sulfonated poly(arylene ether nitrile) functionalized graphene[J]. Materials Today Communications, 2018, 17: 355-361.

[189] PAN J, LI K, CHUAYPRAKONG S, et al. High-temperature poly(phthalazinone ether ketone) thin films for dielectric energy storage[J]. ACS Applied Materials & Interfaces, 2010, 2(5): 1286-1289.

[190] WU C, DESHMUKH A A, LI Z, et al. Flexible temperature-invariant polymer dielectrics with large bandgap[J]. Advanced Materials, 2020, 32(21): 2000499.

[191] TU L, YOU Y, LIU C, et al. Enhanced dielectric and energy storage properties of polyarylene ether nitrile composites incorporated with barium titanate nanowires[J]. Ceramics International, 2019, 45(17, Part B): 22841-22848.

[192] TU L, XIAO Q, WEI R, et al. Fabrication and enhanced thermal conductivity of boron nitride and polyarylene ether nitrile hybrids[J]. Polymers, 2019, 11(8): 1340.

[193] FAN Y, WANG G, HUANG X, et al. Molecular structures of (3-aminopropyl)trialkoxysilane on hydroxylated barium titanate nanoparticle surfaces induced by

different solvents and their effect on electrical properties of barium titanate based polymer nanocomposites[J]. Applied Surface Science, 2016, 364: 798-807.

[194] WANG Y, KAI Y, TONG L, et al. The frequency independent functionalized MoS2 nanosheet/poly(arylene ether nitrile) composites with improved dielectric and thermal properties via mussel inspired surface chemistry[J]. Applied Surface Science, 2019, 481: 1239-1248.

[195] TAKAHASHI Y, UKISHIMA S, IIJIMA M, et al. Piezoelectric properties of thin films of aromatic polyurea prepared by vapor deposition polymerization[J]. Journal of Applied Physics, 1991, 70(11): 6983-6987.

[196] SHARMA R, MAITI S N. Effects of SEBS-g-MA copolymer on non-isothermal crystallization kinetics of polypropylene[J]. Journal of Materials Science, 2015, 50(1): 447-456.

[197] MÁRQUEZ Y, FRANCO L, TURON P, et al. Study of non-isothermal crystallization of polydioxanone and analysis of morphological changes occurring during heating and cooling processes[J]. Polymers, 2016, 8(10): 351.

[198] NAGENDRA B, MOHAN K, GOWD E B. Polypropylene/layered double hydroxide (LDH) nanocomposites: Influence of LDH particle size on the crystallization behavior of polypropylene[J]. ACS Applied Materials & Interfaces, 2015, 7(23): 12399-12410.

[199] CHEN K, YU J, QIU Z. Effect of low octavinyl-polyhedral oligomeric silsesquioxanes loading on the crystallization kinetics and morphology of biodegradable poly(ethylene succinate-co-5.1 mol% ethylene adipate) as an efficient nucleating agent[J]. Industrial & Engineering Chemistry Research, 2013, 52(4): 1769-1774.

[200] SNYDER C R, MARAND H. Effect of chain transport in the secondary surface nucleation based flux theory and in the lauritzen-hoffman crystal growth rate formalism[J]. Macromolecules, 1997, 30(9): 2759-2766.

[201] 童利芬. 高分子量可交联聚芳醚腈的结构与性能关系研究[D]. 成都: 电子科技大学, 2017. 1-3.

[202] OU B, ZHOU Z, LIU Q, et al. Mechanical properties and nonisothermal crystallization kinetics of polyamide 6/functionalized TiO_2 nanocomposites [J]. Polymer Composites, 2014, 35(2): 294-300.

[203] TANG Y, XU W, NIU S, et al. Crosslinked dielectric materials for high-temperature capacitive energy storage[J]. Journal of Materials Chemistry A, 2021, 9(16): 10000-10011.

[204] SONG Y, SHEN Y, LIU H, et al. Improving the dielectric constants and breakdown strength of polymer composites: Effects of the shape of the $BaTiO_3$ nanoinclusions, surface modification and polymer matrix[J]. Journal of Materials Chemistry, 2012, 22(32): 16491-16498.

[205] TANG H, LIN Y, SODANO H A. Enhanced energy storage in nanocomposite capacitors through aligned PZT nanowires by uniaxial strain assembly[J]. Advanced Energy Materials, 2012, 2(4): 469-476.

[206] TANG H, SODANO H A. Ultra high energy density nanocomposite capacitors with fast discharge using $Ba_{0.2}Sr_{0.8}TiO_3$ nanowires[J]. Nano Letters, 2013, 13(4): 1373-1379.

[207] PAN Z, YAO L, ZHAI J, et al. Excellent energy density of polymer nanocomposites containing $BaTiO_3@Al_2O_3$ nanofibers induced by moderate interfacial area[J]. Journal of Materials Chemistry A, 2016, 4(34): 13259-13264.

缩略词表

英文缩写	英文全称	中文全称
3-APN	3-aminophenoxyphthalonitrile	3-氨基苯氧基邻苯二甲腈
BNNSs	boron nitride nanosheets	氮化硼纳米片
BOPP	biaxially oriented polypropylene	双向拉伸聚丙烯
BP	4,4'-dihydroxybiphenyl	4,4'-联苯二酚
BPA	bisphenol A	双酚A
BT	barium titanate	钛酸钡
BTns	barium titanate nanospheres	钛酸钡纳米球
BTnw	barium titanate nanowire	钛酸钡纳米线
BT-OH	barium hydroxylated titanate	羟基化钛酸钡
c-BCB	dibenzocyclobutene	双苯并环丁烯
CCTO	calcium copper titanate	钛酸铜钙
CNTs	carbon nanotubes	碳纳米管
CuPc	phthalocyanine copper	酞菁铜
CVD	chemical vapor deposition	化学气相沉积
DMF	N,N-dimethylformamide	N,N-二甲基甲酰胺
DSC	differential scanning calorimetry	差示扫描量热法
EDS	energy dispersive spectrometer	能谱仪
FTIR	fourier transform infrared spectroscopy	红外光谱
GO	graphene oxide	氧化石墨烯
h-BN	hexagonal boron nitride	六方氮化硼

续表

英文缩写	英文全称	中文全称
HCuPc	hyperbranched phthalocyanine copper	超支化酞菁铜
HQ	hydroquinone	对苯二酚
LDPE	low density polyethylene	低密度聚乙烯
MOF	metal-organic framework materials	金属有机框架
MWCNT	multi-walled carbon nanotubes	多壁碳纳米管
MXene	titanium carbide	碳化钛
NMP	n-methylpyrrolidone	N-甲基吡咯烷酮
P(VDF-HFP)	polyvinylidene fluoride-hexafluoroethylene	聚偏氟乙烯-六氟乙烯
PANI	polyaniline	聚苯胺
PC	polycarbonate	聚碳酸酯
PDA	polydopamine	聚多巴胺
PEEK	polyetheretherketone	聚醚醚酮
PEKK	polyetherketone ketone	聚醚酮酮
PES	polyethersulfone	聚醚砜
PI	polyisoprene	聚异戊二烯
POTS	perfluorooctyltriethoxysilane	全氟辛基三乙氧基硅烷
PP-BPH	phenolphthalein-type phthalonitrile	酚酞型邻苯二甲腈
PPS	polyphenylene sulfide	聚苯硫醚
PUA	polyurea	聚脲
PVDF	polyvinylidene fluoride	聚偏氟乙烯
RS	resorcinol	间苯二酚

续表

英文缩写	英文全称	中文全称
SiO_2	silicon dioxide	二氧化硅
SEM	scanning electron microscope	扫描电子显微镜
TEM	transmission electron microscopy	透射电子显微镜
T_g	glass transition temperature	玻璃化转变温度
TGA	thermogravimetric analysis	热重分析
TiO_2	titanium dioxide	二氧化钛
XPS	X-ray photoelectron spectroscopy	X射线光电子能谱
XRD	X-ray diffraction	X射线衍射
ZnPc	zinc phthalocyanine	酞菁锌